Friedrich Ernst Grosse

Beiträge zur vergleichenden Anatomie der Onagraceen

Friedrich Ernst Grosse

Beiträge zur vergleichenden Anatomie der Onagraceen

ISBN/EAN: 9783741193446

Hergestellt in Europa, USA, Kanada, Australien, Japan

Cover: Foto ©Klaus-Uwe Gerhardt /pixelio.de

Manufactured and distributed by brebook publishing software
(www.brebook.com)

Friedrich Ernst Grosse

Beiträge zur vergleichenden Anatomie der Onagraceen

Beiträge

zur

vergleichenden Anatomie der Onagraceen

einschliesslich besonderer Berücksichtigung
der Entwickelung
und des anatomischen Baues der Vegetationsorgane
von

Trapa natans.

Inaugural - Dissertation

zur

ERLANGUNG DER DOCTORWÜRDE

bei der

hohen philosophischen Facultät

der

Königl. Friedrich Alexander-Universität zu Erlangen

vorgelegt von

FRIEDRICH ERNST GROSSE

aus

Dresden.

Tag der mündlichen Prüfung: 22. April 1895

ERLANGEN.

DRESDEN

C. Rich. Gärtner'sche Buchdruckerei (Heinrich Niescher).

Dem Andenken

seines unvergesslichen teuren Vaters

und

seinem lieben Bruder Hans

in steter Dankbarkeit und Treue

gewidmet.

Einleitung!

Über die Anatomie der Vegetationsorgane der Onagraceae finden sich in der Litteratur von Seiten verschiedener Autoren (Peterson, Sanio, Schenk und Weiss) mannigfache interessante Beobachtungen und Aufzeichnungen; meist erstrecken sich dieselben jedoch nur auf ganz bestimmte anatomische Verhältnisse und vereinzelte Gattungen dieser Familie. Es war daher erwünscht, die bis jetzt vorhandenen Ergebnisse zusammenzufassen und durch eine anatomische Untersuchung der Vegetationsorgane (Stengel, Blatt und wo vorhanden auch Wurzel) eines möglichst zahlreichen Materiales zu erweitern. Es wurde mir durch Herrn Professor Rees der ehrende Auftrag zu Teil, mich dieser Aufgabe zu unterziehen.

Ich legte meinen Untersuchungen die systematische Einteilung der Familie nach Engler-Prantl[1]) zu Grunde. Da nur die wenigsten Vertreter dieser Familie bei uns einheimisch sind, war es mir leider, trotz angestrengter Bemühungen und obgleich ich mit den verschiedensten botanischen Gärten und anderen Instituten des Inlandes und Auslandes in Verbindung trat, nicht möglich, verschiedene nord- und südamerikanische Gattungen, die meist überhaupt nur durch eine einzige Art in der Systematik vertreten sind, zu beschaffen. Ich lasse unten eine kurze Übersicht der Gattungen mit Beifügung der von mir untersuchten Arten derselben folgen.[2]) Trapa natans, welche von einigen Autoren zu den Onagraceen gerechnet wird, bildet nach Engler-Prantl besser eine eigene Familie — Hydrocaryaceae. Wegen seiner nahen verwandtschaftlichen Beziehungen und seines sehr interessanten abnormen, anatomischen Baues sind die Vegetationsorgane von Trapa natans gleich zuerst einer eingehenden besonderen Untersuchung unterzogen worden.

Das untersuchte Material entstammt den botanischen Gärten zu Erlangen, Würzburg, Leipzig und Dresden. Durch die Liebenswürdigkeit der Direktion des botanischen Gartens zu Madrid erhielt ich Samen von ca. 30 Arten, von denen ein Teil hier im botanischen Garten gezogen wurde. Ein kleiner Teil des Materials entstammt dem Herbarium

---

[1]) Vergl.: Die natürlichen Pflanzenfamilien von Engler u. Prantl. Leipzig 1893.

[2]) Jussieua (8 Arten). Ludwigia (Isnardia) (4 Arten). Zauschneria (1 Art). Epilobium (12 Arten). Chamaenerium (2 Arten). Boisduvalia (3 Arten). Clartkia (3 Arten). Eucharidium (2 Arten). Godetia (5 Arten). Oenothera (15 Arten). Gaura (3 Arten). Fuchsia (10 Arten). Lopezia (3 Arten). Circaea (3 Arten).

des botanischen Gartens zu Erlangen. Ich füge im weiteren Verlaufe dieser Arbeit jeder einzelnen Art den Namen des botanischen Gartens hinzu, aus welchem ich sie erhalten habe; ferner auch, welche Vegetationsorgane untersucht wurden, da es nicht immer möglich war, z. B. beim Herbarmaterial, Wurzeln zu erhalten.

Als gemeinsame, schon bekannte anatomische Charakteristica der gesamten Familie hebe ich folgende hervor:

1) Bicollateralität der Gefässbündel in verschiedener Ausbildung.[3])

2) Mehr oder weniger bedeutendes Auftreten von Raphidenschläuchen in Mark, Rinde und auch im Weichbast des Stengels.

3) Bei Peridermbildung Anlage des Phellogens stets innerhalb der Bastfasern.

Bezüglich des Baues des Holzkörpers erwähnt Solereder[4]) in seiner Arbeit folgendes: Ein- bis zweireihige Markstrahlen und grösserlumige Gefässe, an der Gefässwand meist einfache Tüpfelung gegen das Markstrahlparenchym. Gefässperforation einfach, rund bis elliptisch; Scheidewände verschieden geneigt. Prosenchym, weitlumig, nicht dickwandig, im allgemeinen einfach getüpfelt. Ich schliesse mich diesen Ausführungen Solereders an; jedoch kommen auch Übergänge zum Hoftüpfelprosenchym vor, was wohl aus seinen Worten „im allgemeinen oder meist einfach getüpfelt“ auch hervorgeht.

Ferner hat Weiss[5]) bei einigen Oenotheraarten interxyläres Wurzelphloem konstatiert; diesen Arten kann ich einige neue mit den gleichen Eigenschaften hinzufügen. Ein sonstiges interessantes Merkmal ist das Vorkommen von Aerenchym nach Schenk[6]) an den Wurzeln und submersen Stengelteilen einiger Arten, welche im Schlamme und Sumpfe vegetieren. Auf diese Vorkommnisse komme ich später im allgemeinen und speciellen Teile zurück.

---

[3]) Vergl.: Dr. Petersen; über das Auftreten bicollateraler Gefässbündel in verschiedenen Familien etc. Englers bot. Jahrbücher, Band III. Leipzig 1882.

[4]) Vergl.: Dr. Solereder; Über den systematischen Wert der Holzstructur der Dicotylen. München 1893.

[5]) Vergl.: Dr. Weiss; Anatomie und Physiologie fleischig verdickter Wurzeln. Flora 1880. No. 6. Regensburg.

[6]) Vergl.: H. Schenk; Über das Aerenchym, ein dem Korke homologes Gewebe bei Sumpfpflanzen. Pringsheim. Jahrbücher für wissenschaftliche Botanik, Band XX.

Trapa natans.

Diese uralte, schon fossil aus der Tertiärzeit bekannte, jetzt in Deutschland im Aussterben begriffene Pflanze wurde früher, wie schon in der Einleitung erwähnt, zur Familie der Onagraceen gerechnet; jetzt wird dieselbe jedoch besser in eine eigne Familie gestellt, welche nach Engler-Prantl mit dem Namen der Hydrocaryaceen belegt worden ist. In der Litteratur findet sich 1. eine Arbeit von Mr. Barnéoud, betitelt Memoire sur l'anatomie et l'organogenie du Trapa natans[1]), 2. einige Bemerkungen von Sanio[2]) und 3. eine sehr interessante Arbeit von Gibelli und Ferrero, betitelt: Ricerche di Anatomia e Morfologia intorno allo sviluppo Dell' ovolo e Del seme Della Trapa natans[3]). Die sehr interessanten Keimungs- und Vegetationsverhältnisse sind durch des ersteren Forschungen klargelegt; ziemlich allgemein gehalten und teilweise nicht ganz zutreffend sind jedoch seine Untersuchungen in anatomischer Beziehung. Die Arbeiten von Gibelli und Ferrero sind von grossem Interesse und sehr genau, jedoch sind die Resultate und Untersuchungen dieser Herren für meine Untersuchungen der Vegetationsorgane belanglos und nicht verwertbar. Um das allgemeine Bild der Pflanze kurz vor Augen zu führen, sei der Vegetationsvorgang derselben kurz erwähnt. Die sich mit ihren Hörnern im Schlamme verankernde bekannte Frucht treibt aus dem borstenumsäumten Scheitelloch ein Stämmchen mit dem kleinen schuppenförmig bleibenden Cotyledo und der Knospe. Der grosse Cotyledo bleibt in der Frucht. Eine Wurzel wird nicht entwickelt, nur das hypocotyle Glied erhält zahlreiche Wurzelfasern. Der Stengel ist stets einfach, dünn und trägt seiner ganzen Länge nach Blätter; die ersten sind von linear-lanzettlicher Gestalt und mit breitem Grunde sitzend, die folgenden erhalten schon Stiel und Spreite und stellen sich spiralig. Beide sind sehr hinfällig und hinterlassen Narben am Stengel. Ehe der Stengel die Oberfläche des Wassers erreicht, verdickt er sich in seinem oberen Teile und bringt eine Anzahl wechselständiger langgestielter Blätter hervor. An den Blattnarben des Stengels entstehen Nebenwurzeln mit zahlreichen, haardünnen einfachen Verzweigungen.

---

[1]) Monsieur Barnéoud. Annales sciences. nat. III. ser. 9, pag. 222. Paris.
[2]) Sanio. Bot. Zeitung 1865. pag. 184.
[3]) Gibelli und Ferrero. genva Typographia di Angelo. Ciminago 1891.

Es war daher in anatomischer Beziehung zu untersuchen: 1. Cotyledo, 2. hypocotyles Glied, 3. junger und älterer dicker Stengel, 4. die verschiedenen Blätter, 5. die verschiedenen Wurzeln. — Trapa natans zählt zu den submersen Gewächsen, welche in den ersten Vegetationsperioden sich vollständig submers entwickeln, später aber die Oberfläche des Wassers erreichen und sich mehr als Schwimmgewächse verhalten. Entsprechend seiner Vegetationsweise ist infolgedessen auch sein anatomischer Bau dem umgebenden Medium angepasst. Wie schon vorhin erwähnt, entwickelt Trapa zwei verschiedene, streng genommen drei verschiedene Arten von Blättern. Die zuerst sich entwickelnden, ganz submersen Blätter sind entsprechend ihrer Lebensweise gebaut. Dieselben erhalten nur diffuses Sonnenlicht, daher finden wir auch nur schwammparenchymatisches Gewebe, welches ja nach den Arbeiten von Stahl und Pick[4]) die für diffuses Licht gebildete Assimilationszellform ist. Die Chlorophyllkörper entwickeln sich hauptsächlich in der Epidermis, im Gegensatz zu den Luftblättern, die ja fast stets farblose Epidermen haben. Die Epidermiszellen bilden sich oberseits und unterseits gleich aus. Die Dorsiventralität ist aufgehoben. Der Blattbau ist centrisch. Da die submersen Blätter die nötige Kohlensäure durch Diffusion aufnehmen, bleibt auch die Epidermis nach aussen sehr dünn. Die Cuticula ist ein zartes, durchlässiges Häutchen. Da bei den submersen Gewächsen die Transspiration durch Diffusion ersetzt wird, ist die Abwesenheit von Spaltöffnungen sehr erklärlich. Die Epidermis bildet also eine vollständig geschlossene Haut um das Ganze. Behaarung ist nicht vorhanden. Die Blattnerven sind exile Stränge mit wenigen sehr reducierten Gefässen. Die Epidermiszellen sind in der Aufsicht längsgestreckte Polygone mit geraden oder schwach undulierten Wandungen; auf dem Querschnitt sind sie dünnwandig, niedrig, in Richtung der Blattfläche gestreckt, chlorophyllhaltig. Unter der Epidermis zwei Schichten subepidermalen Parenchyms ohne Intercellularen; die inneren Parenchymschichten hingegen sind durch grosse Intercellularen aufgelockert. Die Nerven sind im Gewebe eingebettet und von einer oder mehreren Schichten lückenlos zusammenschliessenden Parenchyms umgeben. Die Gefässbündel sind sehr reduciert und bestehen nur aus einigen Ringgefässen, umgeben von zartwandigem, phloemartigen Gewebe.

Bei den darauf folgenden Blättern, die schon Stiel und Spreite zeigen, kann man die allmähliche Umwandlung zum Luftblatte verfolgen. Je näher dieselben der Oberfläche des Wassers kommen, desto entschiedenere Neigung zum bifacialen Baue zeigen sie; die obere Epidermis verdickt sich etwas nach aussen, in der Aufsicht sind die Zellwandungen etwas stärker unduliert und es finden sich vereinzelte Spaltöffnungen. Die untere Epidermis zeigt noch ganz den Bau der ersten submersen Blätter. Die unter der oberen Epidermis liegenden zwei Parenchymschichten

[4]) Vergl.: E. Stahl. Über den Einfluss der Lichtintensität u. s. w. Bot. Zeitung 1880 u. H. Pick. Über den Einfluss des Lichtes auf die Gestalt und Orientierung der Zellen des Assimilationsgewebes. Bot. Centralblatt XI, 1882.

zeigen das Bestreben, sich senkrecht zur Blattfläche zu stellen und die Chlorophyllkörner an den Radialwandungen abzulagern. Je näher also das Blatt dem direkten Sonnenlichte kommt, desto mehr ist das Bestreben vorhanden, ein Pallissadengewebe anzulegen, welch' letzteres ja die Assimilationszellform für direktes Sonnenlicht ist. Die Behaarung fehlt noch gänzlich.

Die zuletzt sich bildenden, rautenförmigen, grobgezähnten, lederartigen Blätter sind Schwimmblätter und stehen sonach in steter Berührung mit der Luft. Sie zeigen infolgedessen deutlich bifacialen Bau. Es findet sich ein zweischichtiges lückenloses Pallissadengewebe, darauf dünnwandiges Schwammparenchym, das im Centrum des Blattes lückenlos, nach der unteren Epidermis zu jedoch von grossen Intercellularen durchbrochen ist. Die obere Epidermis zeigt in der Aufsicht polygonale, dünnwandige, stark undulierte Zellen mit zahlreichen normalen Spaltöffnungen ohne Nebenzellen, auf dem Querschnitt wie vorher bei den submersen Blättern nur nach aussen schwach verdickt. Die untere Epidermis zeigt in der Aufsicht länglich gestreckte polygonale, schwach undulierte Zellen ohne Spaltöffnungen. Merkwürdigerweise zeigt die Unterseite dieser Blätter, also diejenige, welche doch in stetiger Berührung mit dem Wasser ist, eine dichte Behaarung von langen, einfachen, mehrzelligen Haaren. Zur Herabsetzung der Transspiration können dieselben hier kaum vorhanden sein, möglicherweise dienen sie zum Aufsaugen von Nährstoffen. (s. Zeichnung I a—c.)

Merkwürdig ist bei diesen Blättern auch die zur Blütezeit erfolgende Anschwellung des Blattstieles. Der Zweck dieser Anschwellungen ist: vermöge der in denselben enthaltenen Luft die schweren Früchte vor dem Untersinken zu bewahren. Das an und für sich schon sehr intercellularreiche Rindenparenchym des Blattstieles erfährt zu dieser Zeit in allen seinen Teilen, bis auf die den Gefässbündelstrang umgebende, schmale Parenchymscheide, eine Radialstreckung, so dass nicht nur die die Intercellularräume begrenzenden rundlichen Zellen des Rindenparenchyms längsgestreckt werden, sondern auch die Intercellularräume selbst die Form von unregelmässig polyedrischen grossen Kammern bekommen, die nur durch einreihige längsgestreckte radiale Zellsepten begrenzt werden. Der sonstige Bau des Blattstieles gleicht dem des später zu besprechenden Stengels. Das Pallissadengewebe und Schwammparenchym und im Blattstiel das Rindenparenchym sind reich an schönen Drusen von oxalsaurem Kalke. Dieselben stehen einzeln oder in Gruppen und ragen meist in die schizogen entstandenen Intercellularräume hinein und zwar ist jede sternförmige Druse von einem kugeligen Krystallschlauch, welcher der Zellwand als runde Blase mit breiter Basis anhaftet, umhüllt. Die Membran derselben ist sehr zart und in älteren Stadien undeutlich und oft kaum sichtbar, so dass man glauben könnte, dass die Drusen frei ins Innere der Intercellularräume ragten. Sehr oft sind die Intercellularräume durch ein- oder mehrschichtige Parenchymscheidewände, sogenannte Diaphragmen, gekammert. Das zartwandige, rundliche bis polygonale Parenchym diese Querplatten ist chlorophyllreich und hat an den Berührungsflächen der einzelnen Zellen kleinere Interstitien; das sind nach De Bary Luftgänge, welche bedeutend kleiner sind als die umgebenden Zellen; dadurch bleibt, trotz der Querplatten, die Verbindung der einzelnen grösseren Intercellularräume stets erhalten. (Vergleiche Zeichnungen I. u. II.)

Stengel.

Wie aus der vorher beschriebenen Vegetationsweise ersichtlich, war hier zu untersuchen 1) der Cotyledo, 2) das hypocotyle Glied, 3) der junge und alte Stengel. Die ersten beiden zeigen im allgemeinen dieselbe Structur und können kurz abgehandelt werden. Auf eine einschichtige, nach aussen unregelmässig vorgewölbte Epidermis, deren Zellen mehr hoch als breit, polygonal bis rechteckig, oft mit schwach gewellten Radialwänden und schwach verdickt sind, folgt subepidermales dünnwandiges, unregelmässig polygonales Rindenparenchym, dessen Zellen noch lückenlos zusammenschliessen; nach innen folgt hierauf eine einschichtige, stärkereiche, deutliche Endodermis, die das Rindengewebe gegen das centrale Leitbündel abschliesst. Letzteres zeigt überhaupt noch keine Differenzierung in seine Elemente, wenige enge Ring- oder Spiralgefässe sind zu erkennen und vereinzelte Siebröhren, umgeben von zartwandigem, teils phloemartigen, teils parenchymatischen Gewebe, so dass ich das im frühesten Stadium der Entwickelung befindliche Leitbündel als Procambiumstrang bezeichnen zu dürfen glaube. Behaarung und Kalkoxalatdrusen fehlen vollkommen. —

Im jungen Stengel, welcher stets dünn und weitverzweigt ist, flachen sich die Zellen der Epidermis, die ja im Cotyledo noch höher als breit sind, ab und es bildet sich durch Tangentialteilungen in der unter der Epidermis gelegenen Zellschicht des Rindenparenchyms ein Phellogen, welches im weiteren Verlauf der Entwickelung einen mehrschichtigen Kork erzeugt, dessen Zellen meist die typische tafelförmige Gestalt, oft aber auch vollkommen rechteckige Gestalt besitzen. Dieselben liefern die bekannten Korkreactionen und führen immer gelbe bis braune Inhaltsstoffe, welche Gerbstoffreaction zeigen. Die darunter liegenden Zellschichten des Rindenparenchyms bilden keine Intercellularräume; weiter nach innen jedoch entstehen schizogen in unregelmässiger Weise grössere und kleinere Intercellulargänge; darauf folgten wiederum einige Reihen lückenlosen Rindenparenchyms und dann, nach aussen gegen das Rindenparenchym durch eine einschichtige stärkereiche Endodermis begrenzt, der axile Leitbündelstrang; innerhalb desselben befindet sich grosszelliges, polygonales Markparenchym, das in jungen Stadien schwach collenchymatisch verdickt ist; mit zunehmendem Alter verschwinden diese Verdickungen wieder und es beginnen sich auch kleinere Interstitien innerhalb des Markes zu bilden. Gegen Ende der Vegetationsperiode verdickt sich der Stengel in seinem oberen Teile. Der subepidermale Kork vermehrt sich bedeutend und die darunter liegenden intercellularfreien Zellschichten des Rindenparenchyms verdicken sich typisch collenchymatisch. Die Intercellularräume vergrössern sich sehr und werden nur noch von einfachen Zellreihen rundlicher, dünnwandiger Zellen begrenzt; genau in derselben Weise bilden sich im Marke grosse Intercellularräume. Das axile Leitbündel bildet einen nicht geschlossenen Ring. Der Xylemteil, besonders die Gefässe, sind gemäss der submersen Vegetation bedeutend reduciert, sowohl bezüglich der Anzahl der Gefässe, als auch bezüglich der Differenzierung derselben; es kommen fast nur Ring- und Spiralgefässe (eng- und weitlumig), selten einige Netzgefässe vor. Jedes Gefäss ist von einer Zelllage dünnwandigen, englumigen Holzparenchyms umgeben. Holzprosenchym ist nicht vorhanden. Verholzung findet wenig oder gar nicht statt; höchstens die Gefässe und die sie umgebende Zelllage sind schwach verholzt. Gegenteilig zum Xylem ist das Phloem sehr bedeutend ausgebildet, sowohl innerhalb als auch ausserhalb der Gefässe finden sich zahlreiche Siebröhrenbündel, also in bicollateraler Anordnung. Dieselben fallen sofort durch ihre sechseckige Form, ihr weites Lumen und ihre deutlich erkennbaren Siebplatten auf. Jede dieser Siebröhren ist umgeben von länglichen, quadratischen, auf dem Längsschnitt sehr englumigen und dünnwandigen Geleitzellen und dünnwandigen Phloemparenchym, welches Sanio und Naegeli mit dem Namen Cambiform belegt hat. Eine scharfe Abgrenzung zwischen Xylem und Phloem zu ziehen ist nicht möglich, da die zartwandigen, sowohl die Gefässe als auch die Siebröhren umgebenden Elemente fast gleichgestaltet sind und oft in einander übergehen. Ein Cambium wird niemals ausgebildet. Es fehlen also der Trapa natans eigentliche Gefässbündel, wie ja auch schon Sanio bemerkt hat. Nach Sanios Ansicht entsprechen diese axilen Leitbündel nicht einem einzigen Gefässbündel, sondern dem ganzen Bündelsystem, welches sich sonst aus dem Verdickungsring bildet. Er hält demnach die axilen Stränge für ein dem Verdickungsring analoges Gewebe, wo aber keine Sonderung in Cambium, Phloem und Xylem vorhanden ist, welcher Ansicht ich mich vollkommen anschliesse. — Schöne Drusen von oxalsaurem Kalke finden sich sehr zahlreich in derselben Art und Weise wie bei den Blättern. Diaphragmenbildung kommt ebenfalls vor, ist aber nicht so häufig wie bei den Blättern. Bemerkenswert ist noch das Vorkommen von Secretbehältern, welche ein gelbes bis braunes Secret führen. Dieselben finden sich innerhalb des axilen Leitbündels, meist in direkter Umgebung der Gefässe. Sie entstehen durch Auseinanderweichen der Zellen, also schizogen, haben unregelmässige Form und werden von den Membranen der sich etwas in den Sekretraum vorwölbenden Zellen begrenzt. Der Inhalt zeigt deutliche Gerbstoffreaction. Mit der Erweiterung des Ganges und der dadurch entstehenden Gewebespannung scheinen die den Sekretraum umgebenden Zellen tangential zu demselben gestreckt zu werden und sich um denselben in der Art und Weise zu legen, dass sich mehrere concentrische Reihen von in radialen Reihen übereinanderstehenden Zellen bilden, welche sich von den Zellen des sie umgebenden Gewebes durch grosse Regelmässigkeit, Kleinheit und ihre quadratische bis tafelförmige Gestalt auszeichnen. Diese Anordnung giebt dem ganzen Sekretraum ein spinnnetzartiges Aussehen. Ich bezeichne diese regelmässigen angrenzenden Zellschichten als mehrschichtiges Epithel. (Vergl. Zeichnung III.) In einem einzigen, sehr alten Exemplar von Trapa natans fanden sich auch vereinzelte Gefässe, deren Gefässcharakter vollständig verloren gegangen war. Es fanden sich nur noch Reste von Ring- und Spiralverdickungen und sonst ebenfalls ein körniger gelbbrauner Inhalt wie oben. Möglicherweise sind es lysigen entstandene Gänge, wie sie bei vielen submersen Gewächsen z. B. Ranunculus aquatilis, Potamogeton pectinatus u. s. w. vorkommen. Doch kann ich dies bei dem nur einmaligen Vorkommen aus dem anatomischen Befunde allein nicht entscheiden. —

Wurzel.

Wie bei allen submersen Gewächsen ist auch bei Trapa natans das Wurzelsystem sehr unbedeutend entwickelt. Die Ausbildung desselben ist ja auch unnötig, da die Pflanze hier der Wurzeln zur Aufnahme von Nährstoffen fast gar nicht bedarf, sondern ihre Nahrungsaufnahme, wie schon erwähnt, zum grössten Teile durch Diffusion besorgt. Es ist daher eine eigentliche Hauptwurzel nicht ausgebildet. Nachdem das hypocotyle Glied, welches ursprünglich etwas in die Länge wächst, sich horizontal gerichtet hat, erhält dasselbe zahlreiche, einfache, dünne Wurzelfasern. Ferner entspringen am dünnen Stengel an den Narben der submersen abgefallenen Blätter Nebenwurzeln mit vielfachen einfachen haardünnen Verzweigungen. Dieselben wurden in früherer Zeit vielfach für untergetauchte, zerschlitzte Blätter gehalten, wie sie ja bei Myriophyllum und einigen Ranunculusarten vorkommen. Schon Barnéoud beweist, dass es Nebenwurzeln sind und dies steht heute ausser allem Zweifel; sowohl durch ihren endogenen Ursprung, als auch durch das Vorhandensein einer Wurzelhaube und vereinzelter vielzelliger Wurzelhaare. —

Der anatomische Bau beider Wurzelarten ist derselbe und zwar ein sehr rudimentärer. Auf die einschichtige, schwach cuticularisierte Epidermis, deren Zellen zartwandig, nicht verdickt, unregelmässig nach aussen gebogen und bezüglich der Gestalt wie die Epidermis-Zellen des Cotyledo sind, folgen drei bis vier Zellreihen Rindenparenchym ohne Intercellularräume, dann Rindenparenchym, bestehend aus kleinen, dünnwandigen, rundlichen Zellen, zwischen denen sich durch Auseinanderweichen schizogene Intercellularräume bilden. Nach Barnéoud sollen sich zwar in den Wurzeln nie Intercellularräume finden, jedoch sind dieselben nach meinen Untersuchungen überall vorhanden, wenn auch nicht in der Anzahl und Grösse wie im Stengel, Nach dem Centrum zu wird das Rindenparenchym wieder dichter und die innerste Lage desselben bildet die einschichtige deutliche Endodermis, welche sehr schön die charakteristische Verkorkung, besonders an den Radialwandungen (Casparys dunkle Punkte) zeigt. Der von der Schutzscheide umschlossene axile Leitbündelstrang ist entsprechend der Dünnheit der Wurzeln aus sehr wenigen Elementen zusammengesetzt, bei denen eine bestimmte Anordnung nicht zu erkennen ist.

Ein Cambium wird nirgends ausgebildet. Die direkt unter der Endodermis gelegene einreihige dünnwandig parenchymatische Zellschicht bezeichne ich als Pericambialschicht, da hier die Nebenwurzeln ihren Ursprung nehmen; im übrigen finden sich, eingebettet in dünnwandiges, parenchymatisches Grundgewebe, welches auf dem Längsschnitt langgestreckt, auf dem Querschnitt polygonal erscheint, ungefähr drei bis vier Ringgefässe und wenige, oft nur eine oder zwei, Siebröhren mit einigen englumigen Geleitzellen. Ich glaube, das die Gefässe und Siebröhren umgebende Gewebe am zweckmässigsten nach van Tieghem als Verbindungsgewebe zu bezeichnen, denn eine eventuelle Differenzierung in Phloem- resp. Xylemparenchym oder Mark ist bei der Gleichartigkeit dieser Elemente hier nicht möglich. Drusen von oxalsaurem Kalk sind nur vereinzelt vorhanden. Diaphragmenbildung wurde nicht wahrgenommen.

Specieller Teil.

Onagraceae.

Gattung Jussieua L.

Alle Arten dieser Gattung sind im Wasser oder an sumpfigen Stellen wachsende Kräuter oder Stauden, deren Heimat die Tropen, vornehmlich Brasilien ist.

Jussieua grandiflora L. (Erlangen.)

Die im hiesigen Garten im Schlamme gewachsenen Exemplare besassen 1) krautige, sich über die Oberfläche des Wassers erhebende Stengel mit wechselständigen Blättern, 2) submerse und im Schlamme befindliche Stengel, 3) lange fadenförmige Adventivwurzeln mit und ohne haardünne Nebenwurzeln, 4) aerotropische Wurzeln.

Blatt.

Die obere Epidermis zeigt in der Aufsicht wellig undulierte, unregelmässig polygonale Zellen mit schwach verdickten Wandungen, auf dem Querschnitt sind dieselben niedrig quadratisch, nach aussen schwach verdickt und cuticularisiert. Die Zellen der unteren Epidermis sind in der Aufsicht stärker, unregelmässig zackig, unduliert, im Querschnitt von derselben Gestalt wie die oberen, etwas kleiner und nach aussen wellig gebogen. Beiderseits finden sich normale ovale Spaltöffnungen ohne Nebenzellen. Der Blattbau ist bifacial; das Pallissadengewebe einschichtig. Das Schwammparenchym ist sehr dicht und besteht aus rundlichen, oft etwas in Richtung der Blattfläche gestreckten dünnwandigen Zellen, deren innerste Schicht Neigung zeigt, sich pallissadenähnlich zu strecken, sodass man oft glaubt, ein zweischichtiges Pallissadengewebe zu haben. Die Nerven sind eingebettet und von Parenchym umgeben, welches bei den Hauptnerven von der oberen zur unteren Epidermis durchgeht, bei den kleineren Nerven auf der einen

Seite vom Pallissadengewebe begrenzt wird. Die äusseren, der Epidermis zu gelegenen Schichten dieses Parenchyms sind schwach collenchymatisch verdickt. Bast ist nicht vorhanden. Sowohl im Pallissadengewebe, als auch im Schwammparenchym finden sich zahlreiche Raphidenbündel, welche in besonderen Zellen, eingebettet in einen hellen Schleim, oft als durchsichtige Punkte erscheinen. Es sind dies also Raphidenidioblasten. Ferner finden sich vereinzelte Carotincrystalle vor. Trichome finden sich beiderseits in Gestalt vielzelliger einfacher Haare mit körnigem, protoplasmatischen, nicht crystallinischem Inhalt. Dieselben stülpen sich oft mit schmalem Fusse aus der Epidermis aus und verbreitern sich dann; einzelne Zellen derselben, besonders die Endzellen, sind oft keulig angeschwollen. Der halbkreisförmige Blattstiel zeigt eine einschichtige Epidermis, deren Zellen quadratisch, mehr hoch als breit, senkrecht zu den darunter liegenden Zellschichten stehen und allseitig stark verdickt sind. Die äusseren Schichten des darunter folgenden Rindenparenchyms sind collenchymatisch verdickt und ohne Intercellularen, die inneren Schichten hingegen zeigen dünnwandige, rundliche Parenchymzellen, die grosse schizogene Intercellularräume bilden. Das im Centrum halbkreisförmig angeordnete Gefässbündel zeigt bicollaterale Verteilung von Xylem und Phloem; beides in zarter, wenig entwickelter Ausbildung. Zu bemerken ist noch, dass bei den Blättern, die noch in Berührung mit dem Wasser stehen, die Behaarung fehlt.

Stengel.

Der oberirdische Teil des Stengels zeigt folgenden Bau: Auf die einschichtige Epidermis, deren Zellen niedrig, rechteckig, etwas tangential gestreckt, nach aussen vorgewölbt und schwach verdickt sind, folgt grosslumiges, dünnwandiges Rindenparenchym, dessen äussere Schichten etwas verdickt sind und lückenlos zusammenschliessen. Die inneren Schichten sind von auf dem Querschnitte polygonalen grossen Intercellularräumen durchzogen, die von einander durch einreihige Längssepten rundlicher Zellen getrennt sind. Weiter nach innen schliesst das Rindenparenchym wieder lückenlos zusammen und findet sich hier ein unterbrochener concentrischer Ring von Sklerenchymfasern, welcher die primäre Rinde von der schmalen Phloemzone trennt. Innerhalb dieses Sklerenchymringes und zwar in der unmittelbar darunter liegenden Zellschicht bildet sich ein Phellogen, welches nach aussen Kork erzeugt. Der Gefässbündelkreis ist ein vollkommen geschlossener concentrischer Ring, aussen befindet sich eine schmale Phloemzone, darauf folgt ein deutliches, mehrreihiges, normales Cambium und innerhalb desselben der noch schmale Xylemteil mit grosslumigen Spiral- und Spaltentüpfelgefässen zwischen wenig oder gar nicht verholztem Holzparenchym. Dünnwandiges Prosenchym sehr wenig vorhanden. Das bedeutende, grosszellige, stärkereiche Markparenchym enthält zahlreiche Phloembündel, mit deutlichen Siebröhren, Geleitzellen und Phloemparenchym.

Dieselben befinden sich nicht nur im Zusammenhang mit dem Xylemteil, sondern auch regellos im Marke zerstreut; eines derselben befand sich sogar vollständig im Centrum des Markes, so dass man bei bicollateraler Verteilung des Phloems hier mitunter vollkommen markständige Siebbündel vor sich hat. (Vergl. Zeichnung Nr. IX.)

Während also, wie vorher beschrieben, bei den über dem Wasserspiegel befindlichen Stammteilen das zwischen Sklerenchymfaserring und Phloemzone entstehende Phellogen einen mehrschichtigen Kork erzeugt, der bei weiterem Wachstum wohl die gesamte primäre Rinde absprengen würde, geht dagegen bei den im Schlamme befindlichen verholzenden Stammteilen eine eigenartige Umwandlung vor sich. Das Phellogen geht auch hier aus einer zwischen Sklerenchymring und Phloemzone befindlichen Zellschicht hervor, erzeugt aber keinen Kork, sondern durch die Einwirkung des den Stamm umgebenden Mediums, des Wassers, ein nach H. Schenk[1]) dem Korke homologes Gewebe, welches er mit dem Namen „Aerenchym" belegt hat. Das Phellogen erzeugt zunächst ebenfalls mehrere Schichten radial gereihter tafelförmiger Zellen von innen nach aussen. Jedoch schon nach einigen Tagen beginnen sich diese Zellen abzurunden und kleine Interstitien zwischen ihren Berührungsflächen zu zeigen. Ein Teil dieser sich abrundenden Zellen streckt sich nun in radialer Richtung ganz bedeutend, während ein anderer Teil seine runde Form beibehält. Es wechseln folglich die bedeutend radial gestreckten Zellen mit ungestreckten rundlichen Zellen ab und entstehen so immer zwischen je zwei gestreckten Zellen grosse mit Luft erfüllte Intercellularräume. Die Zellbalken der gestreckten Zellen bleiben mit ihren äusseren Enden immer in Verbindung mit der nächsten äusseren Aerenchymlage. Da die ursprünglichen, aus dem Phellogen entstehenden Zellen sich mit grosser Regelmässigkeit und in derselben radialen Anordnung weiterbilden, mit ebenso grosser Regelmässigkeit durch die Einwirkung des Wassers sich von aussen nach innen Zelllage um Zelllage in Aerenchym umwandelt, so kommt ein sehr regelmässiger Aufbau desselben zustande, dessen Durchmesser schliesslich viel bedeutender ist als der des Stengels. Die gesamte primäre Rinde wird natürlich abgesprengt und hängt häufig den äusseren Aerenchymschichten noch an. Bei der Zartheit dieses Gewebes sind auch die äusseren Schichten desselben oft zerdrückt und zerfetzt, so dass die Intercellularen in direkte Berührung mit dem Wasser kommen, jedoch tritt letzteres nie in dieselben ein, was H. Schenk damit begründet, dass die Luft durch Adhaesion sehr fest in diesen Räumen haftete. Im übrigen, besonders bezüglich des Zweckes des Aerenchyms, verweise ich auf die Arbeit von H. Schenk, dessen Ansichten ich fast in allen Punkten teile. — Das zwischen dem Phellogen und der Phloemzone gelegene secundäre Rindenparenchym zeichnet sich dadurch aus, dass

[1]) Vergl.: H. Schenk. Über das Aerenchym, ein dem Korke homologes Gewebe bei Sumpfpflanzen. Pringsheim, Jahrbücher für wissensch. Bot. Bd. XX. pag. 526.

sich zwischen den grosslumigen, dünnwandigen Parenchymzellen zahlreiche Sklereiden und massenhafte Raphidenidioblasten finden. Der Xylemteil ist an diesen älteren Stammteilen auch bedeutend entwickelt. Die Gefässe sind Netzgefässe, Spaltentüpfel- und auch Hoftüpfelgefässe mit meist geraden Querwänden und runden oder elliptischen Perforationen. Die Markstrahlen sind auf dem Querschnitt ein- bis zweireihig. Das Holzparenchym ist nicht sehr dickwandig und einfach getüpfelt. Holzprosenchym nur in der Umgebung der Gefässe wenig vorhanden, dann einfach getüpfelt. —

Sowohl in der primären und secundären Rinde, als auch im Marke, seltener im äusseren Phloem, massenhaftes Auftreten von Raphidenidioblasten.

Secretbehälter habe ich nicht gefunden, jedoch fand ich in allen Teilen des Pflanzenstengels, sowohl in der Epidermis, als auch im Kork, als auch im Rindenparenchym und Mark Zellen, die mit gelben bis braunen Inhaltsstoffen angefüllt waren, welche Gerbstoffreaction zeigten.

Wurzel.

Jussieua grandiflora besitzt wie auch andere Jussieuaarten dimorphe Wurzeln, nämlich 1) Adventivwurzeln, welche an dem niederliegenden Stengel entstehen und sich zur Nahrungsaufnahme in den Schlamm versenken, und 2) sogenannte aerotropische Wurzeln, welche sich über den Wasserspiegel erheben und wahrscheinlich der Sauerstoffzufuhr dienen. Die langen in den Schlamm gehenden Adventivwurzeln haben eine einschichtige, schwach cuticularisierte Epidermis, deren Zellen sehr dünnwandig und von unregelmässig polygonaler Gestalt sind. Dieselben sind bald rundlich, bald mehr rechteckig, bald fast cylindrisch und schliessen nach aussen unregelmässig ausgebogen ab, darauf folgen 1—2 Schichten subepidermalen Rindenparenchyms, dessen Zellen dünnwandig, meist sechseckig polygonal sind und lückenlos zusammenschliessen. Die Zellen des darunter liegenden Rindenparenchyms sind rundlich und bilden concentrische und radiale Reihen. Die Zellen lassen kleine Intercellularen zwischen sich. Nach innen werden die Zellen kleiner und schliessen dichter zusammen, die innerste Lage derselben bildet die einschichtige Endodermis, die den axilen Gefässbündelstrang umgiebt. Innerhalb derselben folgt erst eine Pericambialzellschicht, dann die schmale Phloemzone, ein schmales Cambium und der Xylemteil, dessen wenige weitlumige Gefässe pentarch angeordnet sind und Spiral-, seltener Tüpfelgefässe sind. Das die Gefässe umgebende Holzparenchym ist ziemlich dickwandig und verholzt; das centrale, kleine Mark besteht auch aus polygonalen, meist sechseckigen allseitig stark verdickten Zellen. Sowohl im Rindenparenchym, als auch im Phloemteil finden sich Raphidenbündel wie im Stengel und Zellen mit gelblichen gerbstoffreichen Inhaltsstoffen. —

Auch bei diesen Wurzeln geht, wie schon H. Schenk beschreibt, Aerenchymbildung vor sich, die ich auch an den mir zur Verfügung stehenden Wurzeln sehr gut beobachten konnte. Die Aerenchymbildung unterscheidet sich von der des Stengels dadurch, dass dieselbe direkt unter der subepidermalen Rindenparenchymschicht beginnt und sich von aussen nach innen Zellschicht um Zellschicht, genau wie bei dem aus dem Phellogen des Stengels hervorgegangenen Aerenchym, in solches umwandelt. Bei weiterem Wachstum wird die Epidermis mit der subepidermalen Rindenschicht gesprengt, jedoch waren die mir vorliegenden Stadien noch nicht so weit vorgeschritten, sondern erst 5 Zelllagen in Aerenchym umgewandelt. Nach Schenk geht bei weiterem Wachstum aus dem Pericambium ein Phellogen hervor, welches die Aerenchymbildung, nachdem alles Rindenparenchym, samt der Endodermis, bereits umgewandelt ist, nun wieder von innen nach aussen fortsetzt. Ich konnte dies jedoch bei meinen Exemplaren nicht konstatieren, da mir ältere Stadien nicht zur Verfügung standen. — Was nun die zweite Wurzelform, welche mit dem Namen „aerotropische Wurzeln“ belegt worden ist, betrifft, so sind dieselben zuerst von Charles Martin[2]) und später genauer von H. Schenk[3]) untersucht worden. Bei ersterem, der diese Organe als „vessies natatoirs“ bezeichnet, ist die anatomische Struktur ungenau dargestellt. — Die Wurzeln bestehen aus einem verhältnismässig dünnem axilen Gefässbündelstrang und einem sehr zarten, weissen Aerenchym. Nach Schenks Ansicht geht nun das Aerenchym hier n u r aus der primären Rinde hervor, die bis auf wenige Zellreihen in der Umgebung des axilen Stranges in solches verwandelt wird und zwar in derselben Weise wie bei den Schlammwurzeln. Ferner schreibt er: „Nachträgliche Weitererzeugung von Aerenchym aus einem Phellogen findet, soweit meine Beobachtungen reichen, nicht statt. Der Pericykel bleibt unverändert.“

Die mir zur Verfügung stehenden Exemplare dieser Wurzeln waren bereits soweit vorgeschritten, dass die Epidermis und die subepidermale Rindenschicht gesprengt und das ganze Rindenparenchym bereits in Aerenchym umgewandelt war. Ich konnte jedoch feststellen, dass auch bei diesen aerotropischen Wurzeln eine nachträgliche Weitererzeugung des Aerenchyms stattfindet und zwar aus einem deutlichen Phellogen, das seinen Ursprung im Pericambium hat, was H. Schenk nicht beobachtet hat. (Vergl. Zeichnungen No. IV u. V.) Die Endodermis ist nicht mehr zu unterscheiden, da sie durch das innerhalb entstandene Phellogen ebenfalls mit umgewandelt ist. Die radialen Zellbalken sind hier bedeutend länger als die der Stengel und Schlammwurzeln. — Innerhalb des Phellogens findet sich die zartwandige Phloemzone, dann ein

---

[2]) Charles Martins: Mémoire sur les racines aérifères ou vessies natatoires des espèces aquatiques du genre Jussieua. Montpellier. 1866.

[3]) H. Schenk. Über das Aerenchym, ein dem Korke homologes Gewebe bei Sumpfpflanzen. Pringsheim, Jahrbücher für wissensch. Bot. Bd. XX pag. 526.

deutliches Cambium und dann der axile Xylemteil, der weitlumige und englumige Spiralgefässe in radialer pentarcher bis polyarcher Anordnung zeigt. Dieselben sind umgeben von schwach verholztem, etwas dickwandigen Holzparenchym. Das kleine Mark besteht aus polygonalen, dickwandigen Zellen. Ein- bis zweireihige einfach getüpfelte Markparenchymstrahlen gehen vom Marke zum Phloem. — Raphidenbündel und Zellen mit Inhalt wie vorher. — Von anderen Arten dieser Gattung verhält sich bezüglich des anatomischen Baues seiner Vegetationsorgane vollkommen genau so: 1) Jussieua repens (L.), gezogen im botanischen Garten zu Erlangen. 2) Jussieua diffusa, gezogen im Würzburger botanischen garten aus Samen des Garten zu Bordeaux. Aerotropische Wurzeln standen mir von dieser Art nicht zur Verfügung, jedoch erwähnt Rosanoff, dass er solche im Petersburger Herbar gesehen habe. Von Jussieua angustifolia standen mir aus Würzburg nur Blätter, junge Stengelteile und einige Adventivwurzeln zur Verfügung, welche mit Jussieua grandiflora vollständig übereinstimmten.

Ebenso verhalten sich in Bezug auf die untersuchten Teile:

1) Jussieua erecta,
2) Jussieua acuminata,
3) Jussieua leptocarpa,
4) Jussieua octonervia.

Die letzten vier wurden als Herbarmaterial des Erlangers Herbars untersucht.

Zu erwähnen ist noch, dass sämtliche Jussieuaarten an trockenen Standorten weder aerotropische Wurzeln, noch Aerenchym erzeugen, sondern an dessen Stelle mehrschichtigen Kork, wie ein Versuch mit trocken gepflanzten Exemplaren von Jussieua grandiflora und repens bewies.

Gattung Ludwigia.

Untersucht wurden:

1) Ludwigia palustris
2) Ludwigia nitida
3) Ludwigia alternifolia
4) Ludwigia pilosa
5) Ludwigia macrocarpa
6) Ludwigia lythrarioides

} Erlanger Herbar.

Ludwigia palustris L.

(Isnardia palustris.) (Herbar Erlangen.)

Blatt.

Die oberen Epidermiszellen des Blattes sind in der Aufsicht von polygonaler, unregelmässiger Gestalt mit geraden oder schwachwellig undulierten Wandungen; auf dem Querschnitte oval bis rundlich, nach aussen schwach ausgebogen und verdickt mit gekörnelter Cuticula.

Die unteren Epidermiszellen sind in der Aufsicht von derselben Gestalt, nur unregelmässiger, zackiger unduliert; auf dem Querschnitte gleichen sie den oberen Epidermiszellen. Die Spaltöffnungen sind beiderseits vorhanden, unterseits zahlreicher, und von normaler Beschaffenheit ohne Nebenzellen. Auf dem Querschnitte erheben sich die Schliesszellen etwas über die Epidermis. Das Blattgewebe ist bifacial gebaut, mit Neigung zum centrischen Bau. Das Pallissadengewebe einschichtig und kurzzellig. Das Schwammparenchym ist dicht und kleinzellig. Der Hauptnerv mit bicollateraler Verteilung von Xylem und Phloem in Parenchymgewebe eingebettet, dessen äussere Schichten collenchymatisch verdickt sind. Ebenso sind die Epidermiszellen unter und über den Nerven allseitig verdickt. Im Blattgewebe zahlreiche Raphidenidioblasten. Was die Behaarung anlangt, so finden sich je nach dem Standort mehr oder weniger, oft gar keine Haare. Sind solche vorhanden, so sind es ein- oder mehrzellige, sich mit breitem Fusse aus einer oder mehreren Epidermiszellen ausstülpende spitze oder keulige Haare, deren Cuticula sehr stark verdickt und oft höckerig ist.

Stengel.

Auf eine einschichtige Epidermis, deren Zellen rechteckig bis fast quadratisch, allseitig verdickt und nach aussen etwas gebogen sind, folgen ein bis zwei Schichten subepidermalen Rindenparenchyms; dessen Zellen polygonal, schwach collenchymatisch verdickt und ohne Intercellularräume sind; darauf folgt primäres Rindenparenchym mit auf dem Querschnitte polygonalen, sehr umfangreichen schizogen entstandenen Intercellularräumen. Die innerste Lage desselben bildet die stark verkorkte Endodermis, darauf folgt die schmale Phloemzone, das schmale Cambium und der Xylemteil, der einen geschlossenen schmalen concentrischen Ring bildet und das kleine, aber mit sehr zahlreichen intraxylären Phloembündeln durchsetzte Mark umschliesst. Raphidenidioblasten finden sich weniger zahlreich im äusseren Phloem und im Marke. Sowohl in der Epidermis, als auch im Rindenparenchym und in der Endodermis findet sich brauner gerbstoffhaltiger Inhalt. Der Xylemteil besteht aus zahlreichen Spiral-Tüpfel- und Netzgefässen mit weitem oder engem Lumen, meist geraden Querwänden und runden Perforationen. Das wenig bedeutende Prosenchym ist englumig und einfach getüpfelt. Das Holzparenchym ist schwach verholzt und nicht sehr dickwandig. Die Markstrahlen sind auf dem Querschnitt einreihig und einfach getüpfelt.

Die Wurzel von Isnardia palustris fehlt. In ihrem anatomischen Bau verhalten sich ebenso: 1) Ludwigia nitida (Erlanger Herbar), 2) Ludwigia alternifolia (Erlanger Herbar).

Etwas abweichend davon verhalten sich:

1) Ludwigia pilosa
2) Ludwigia macrocarpa } Erlanger Herbar.
3) Ludwigia lythrarioides

Bei diesen Arten ist das Rindenparenchym ziemlich schmal und ohne Intercellularräume; innerhalb desselben befindet sich ein continuierlicher Ring von Sklerenchymfasern. In der nächstinnern Schicht des secundären Rindenparenchyms bildet sich ein Phellogen, welches Kork bildet. Wahrscheinlich hängt dies wohl nur mit dem Standort der Pflanzen zusammen, der sehr trocken gewesen sein wird, woraus sich ausserdem auch die Vergrösserung des Xylemteiles und die Behaarung der Epidermis erklärt.

Gattung Zauschneria.

Zauschneria californica (Presl.).

(Botan. Garten zu Leipzig.)

Blatt.

Die Zellen der oberen Epidermis sind unregelmässig polygonal mit wellig undulierten Seitenrändern; auf dem Querschnitt sind dieselben niedrig, in Richtung der Blattfläche etwas gestreckt, nach aussen etwas gewölbt und verdickt. Die die Epidermis überziehende Cuticula ist dünn und fein gekörnelt. Die Zellen der unteren Epidermis sind ebenfalls unregelmässig polygonal mit stark zackig undulierten Seitenwänden; auf dem Querschnitt sind dieselben wie die der oberen Epidermis, nur nach aussen weniger verdickt und nicht nach aussen gewellt. Spaltöffnungen sind beiderseits vorhanden, unterseits zahlreicher. Dieselben sind oval bis kreisrund und dann mit rundem Spalt (porus). Direkte Nebenzellen fehlen, oft zeichnet sich eine der die Spaltöffnungen umgebenden Zellen durch besondere Kleinheit aus, so dass man sie als nebenzellartig bezeichnen könnte. Der Blattbau ist bifacial. Das Pallissadengewebe ist zweischichtig, die innere Schicht etwas kurzgliedriger als die äussere Schicht. Das rundliche bis polygonale Schwammparenchym ist sehr dicht. Die Nerven sind eingebettet in dünnwandiges, grosszelliges Parenchym, das beiderseits bis zur Epidermis durchgeht. Die äusseren Schichten dieses Parenchyms sind unterseits schwach, oberseits stark collenchymatisch verdickt, ebenso sind die Epidermiszellen beiderseits über und unter den Nerven sehr stark verdickt und mehr oder weniger quadratisch, also senkrecht zur Blattfläche gestreckt. Die Anordnung von Xylem und Phloem ist in den

Hauptnerven bicollateral, in den Nebennerven nur collateral. Im Blattgewebe sehr zahlreiche Raphidenidioblasten. Beiderseits sind zahlreiche einzellige, stark körnig cuticularisierte, teils spitze, teils keulig angeschwollene Trichome.

Stengel.

Auf die einschichtige Epidermis, deren Zellen niedrig, quadratisch bis rechteckig, etwas tangential gestreckt, nach aussen gewölbt, körnig cuticularisiert und dickwandig sind, folgt das verhältnismässig schmale Rindenparenchym; die Zellen desselben sind polygonal, dünnwandig und ebenfalls tangential gestreckt. Darauf folgt ein fast ununterbrochener mehrschichtiger Sklerenchymfaserring; weiter nach innen mehrschichtiger Kork, dann die schmale, secundäre Rindenschicht, die schmale Phloemzone, das ziemlich undeutliche Cambium und der stark verholzte concentrische Xylemteil. Das kleine Mark, bestehend aus rundlichen dünnwandigen Zellen ohne Intercellularräume, hat an seiner Peripherie einen ununterbrochenen Ring von entschieden dem Xylemteil zugehörigen intraxylären zartwandigen Phloembündeln. Der Xylemteil zeigt weit- und englumige Spiral-, Netz-, einfache Tüpfel-, Spaltentüpfel- und Hoftüpfelgefässe mit meist schiefen Querwänden. Die Perforationen sind rund bis elliptisch. Das Prosenchym ist sehr stark entwickelt, englumig, dickwandig, meist einfach getüpfelt, seltner undeutlich hofgetüpfelt. Das schwach entwickelte Holzparenchym ist englumig und dickwandig. Die Markstrahlen sind meist einreihig und einfach getüpfelt. Raphidenidioblasten sind vereinzelt im äusseren Phloem und im Rindenparenchym enthalten. An jungen Stellen finden sich Epidermoidaltrichome wie an den Blättern.

Wurzel.

Die gesamte primäre Rinde ist durch die Thätigkeit eines Phellogens abgestossen und es befindet sich aussen mehrschichtiger Kork, darunter mehrere Reihen dünnwandigen, polygonalen, secundären Rindenparenchyms; dann schmale Phloemzone, normales Cambium und der axile pentarche Xylemteil, dessen Centrum ein kleines Mark einnimmt. Der dickwandige Kork hat gewellte Wandungen. Der Xylemteil setzt sich zusammen aus eng- und weitlumigen, Netz-Spaltentüpfeln, Treppen- und Hoftüpfelgefässen mit geraden und schiefen Querwänden und meist runden Perforationen. Das nicht sehr verholzte Prosenchym ist englumig, schwach verdickt, einfach getüpfelt oder seltner undeutlich hofgetüpfelt. Das Holzparenchym ist nicht verholzt und dünnwandig. Die Markstrahlen sind einreihig und einfach getüpfelt. Raphiden waren in der Wurzel nicht vorhanden.

Gattung Epilobium.

Epilobium angustifolium L. (Erlangen.)

Blatt.

Die obere Epidermis zeigt in der Aufsicht polygonale Zellen mit geraden, seltner ganz schwach undulierten, etwas verdickten Seitenrändern; auf dem Querschnitt niedrige, ovale bis rechteckige, in Richtung der Blattfläche gestreckte Zellen, die nach aussen schwach verdickt und gewölbt sind. Die untere Epidermis zeigt in der Aufsicht polygonale Zellen mit unregelmässig stark undulierten Seitenrändern; auf dem Querschnitt dieselben Zellen wie die obere, nur etwas kleiner und rundlich. Die dünne Cuticula überzieht die beiderseitigen Epidermen. Spaltöffnungen sind nur auf der Unterseite vorhanden, dieselben sind oval und ohne Nebenzellen. Der Blattbau ist bifacial. Das zweischichtige Pallissadengewebe hat sehr lange cylindrische Zellen. Das Schwammparenchym ist sehr dicht und mehrschichtig. Die Nerven sind in parenchymatisches Gewebe eingebettet, welches von Epidermis zu Epidermis durchgeht und dessen äussere Schichten collenchymatisch verdickt sind. Die stark verdickten Epidermiszellen sind senkrecht zur Blattfläche gestellt und mehr hoch als breit. Raphiden und Trichome fehlen.

Stengel.

Die Epidermis ist einschichtig, schwach cuticularisiert. Die Zellen sind niedrig, quadratisch nach aussen schwach verdickt, ohne Trichome. Das Rindenparenchym ist bis auf einige wenige Schichten vollständig collenchymatisch verdickt. Die wenigen unverdickten Schichten sind tangential unregelmässig gestreckt und zusammengedrückt. Darauf folgt ein mehrschichtiger, ununterbrochener Sklerenchymfaserring; innerhalb dieses Ringes noch einige Zellreihen secundären Rindenparenchyms, in welchem sich später das Phellogen bildet. Daran schliesst sich Phloem, Cambium und der concentrische Xylemteil. Im grosslumigen Markparenchym findet sich angrenzend an dem Xylemteil ein Ring intraxylärer Phloembündel, welcher teilweis kuppenförmig ins Mark vorspringt. Der Xylemteil setzt sich zusammen aus eng- und weitlumigen Spiralgefässen, ferner Netz-, Treppen- und einfach getüpfelten Gefässen mit meist geraden Querwänden und runden Perforationen. Das Prosenchym ist verholzt, ziemlich dickwandig und einfach getüpfelt. Holzparenchym ist dünnwandig und einfach getüpfelt. Die Markstrahlen sind einreihig und einfach getüpfelt. Raphiden sind in der secundären Rinde wenig vorhanden. Trichome fehlen.

Wurzel.

Die Epidermis und das primäre Rindenparenchym der Adventivwurzeln besteht aus unregelmässig polygonalen Zellen, die nach aussen zerdrückt und unregelmässig eingerissen sind. Innerhalb der einschichtigen deutlichen Endodermis bildet sich ein Phellogen, welches nach aussen Kork erzeugt und die gesamte primäre Rinde abstösst. Darauf die schmale secundäre Rinde mit zahlreichen Raphiden, die zartwandige Phloemzone, das Cambium und der axile Xylemteil, welcher tetrarche Anordnung zeigt.

Die weitlumigen Spiral-, Netz- und einfache Tüpfelgefässe haben runde Perforationen und horizontale Querwände, dieselben sind umgeben teils von verholztem, einfach getüpfeltem, schwach verdicktem Holzprosenchym, teils von dünnwandigem Holzparenchym. Innen kleines Mark von polygonalen Zellen. Die Markstrahlen sind ein- bis zweireihig und einfach getüpfelt. — Im Anschluss an die Adventivwurzeln unterzog ich auch noch die unterirdischen Stengelteile, an denen die Adventivwurzeln entstehen, einer Untersuchung. Der Peripherie dieser Stengelteile hingen die Reste der primären Rinde an, darauf folgte mehrschichtiger Kork, auf dessen Bau ich am Schlusse der Besprechung dieser Gattung noch zurückkomme; darunter folgt das sehr bedeutende Rindenparenchym (secundäre Rinde), dessen schwachverdickte Zellen polygonal, tangential gestreckt und in radialen Reihen angeordnet sind, so dass ich den grössten Teil derselben für Phelloderm halte. Dasselbe enthält sehr viel gespeicherte Stärke und Raphidenbündel. Die schmale Phloemzone und das mehrschichtige Cambium umgiebt den axilen Xylemteil, dessen äussere Partien stark verholzt sind und denselben Bau wie im oberirdischen Stengel zeigen. Die inneren Partien des Xylems sind bis auf die weitlumigen Gefässe und höchstens noch deren nächste Umgebung unverholzt und parenchymatisch. In diesem parenchymatischen Xylemteil finden sich nun deutliche interxyläre Phloembündel, deren Siebröhren weitlumig sind und deutliche Siebplatten haben; stets sind Geleitzellen und dünnwandiges Phloemparenchym um dieselben. In dem unverholzten Ylem, besonders in den einreihigen Markstrahlen, findet sich massenhafte Stärke. —

Von Epilobiumarten wurden noch untersucht:

1) Epilobium hirsutum (Erlangen u. Leipzig).
2) Epilobium sericeum (Erlangen e. sem. Madrid).
3) Epilobium tetragon. (Erlangen).
4) Epilobium roseum (Erlangen).
5) Epilobium parviflorum (Erlangen).
6) Epilobium alpinum (Leipzig).
7) Epilobium Dodonaei (Leipzig).
8) Epilobium montanum (Leipzig).
9) Epilobium palustre (Leipzig).

Epilobium hirsutum.

Blatt.

Der Bau des Blattes unterscheidet sich bei Epilobium hirsutum von dem des vorhergehenden nur durch die beiderseits vorhandenen langen, einzelligen Trichome und die beiderseits vorhandenen Spaltöffnungen ohne Nebenzelllen, deren Schliesszellen sich etwas über das Niveau der sie umgebenden Epidermiszellen erheben.

Stengel.

Bezüglich des Stengels ist zu unterscheiden, ob derselbe auf trockenem Boden oder im Wasser oder Sumpfe gewachsen ist. Der erstere stimmt im Bau vollständig mit Epilobium angustifolium überein. Die Epidermis jüngerer Stengel besitzt vereinzelte normale Spaltöffnungen und zahlreiche einzellige Trichome. Das primäre Rindenparenchym ist schwächer collenchymatisch verdickt. — An den im Wasser oder Sumpfe gewachsenen hingegen gehen bemerkenswerte Veränderungen vor sich. Hier geht nämlich aus dem innerhalb des Sklerenchymfaserringes entstehenden Phellogen kein Kork, sondern ein von H. Schenk ebenfalls als Aerenchym bezeichnetes Gewebe hervor, welches sich aber sowohl durch seine Bildungsweise als auch durch seine abweichende Form von dem Aerenchym der Jussieuaarten unterscheidet. Es strecken sich nämlich alle Zellen einer jeden Phellogenlage ungleichmässig in radialer Richtung und lösen sich bis auf kleine Berührungsflächen von einander los, so dass man in den dem Phellogen zunächst liegenden Schichten zwar noch die radiale Reihung erkennen kann, weiter nach der Peripherie zu sind die Zellen jedoch vollständig verschoben. Das primäre Rindenparenchym, welches vorher durch die Einwirkung des Wassers schon bedeutend aufgelockert war und zwischen den dünnwandigen Zellen Intercellularräume bildete, wird natürlich mit der niedrigen, einschichtigen Epidermis abgesprengt. Schenk hat diese Erscheinung bei Epilobium hirsutum, roseum und palustre beobachtet; ich desgleichen bei Epilobium hirsutum und palustre. Versuchshalber liess ich einige junge Exemplare von Epilobium roseum und tetragonum, die aus Samen (Madrid) gezogen waren, ins Wasser pflanzen und schon nach wenigen Wochen zeigte sich deutliche Aerenchymbildung; an Epilobium roseum in schwächerem Masse; sehr schön hingegen an Epilobium tetragonum. (Vergl. Zeichnung Nr. VI.) Ob nicht noch andere oder alle Epilobiumarten dieser Bildung fähig sind, bedürfte weiterer Untersuchungen.

Wurzel.

Die Wurzeln der auf trockenem Boden gewachsenen Exemplare zeigten denselben Bau wie Epilobium angustifolium; hingegen zeigten die der an feuchtem Standort gewachsenen wiederum bemerkenswerte Unterschiede.

H. Schenk hat an den Wurzeln ein Aerenchym beobachtet, dessen Phellogen sich im Pericambium bildete und verschieden von dem des Stengels sich aus concentrischen Lagen aufbaute, indem sich nicht alle Zellen einer Lage radial streckten, sondern mehrere ungestreckt blieben. Die radial gestreckten Zellen der einzelnen Lagen correspondierten miteinander und bildeten nach seinen Beobachtungen so ein ähnliches Aerenchym wie bei den Jussieuaarten. An den von mir untersuchten Exemplaren konnte ich dieses Aerenchym nicht constatieren, wahrscheinlich lag dies daran, dass mir ältere Wurzeln fehlten. Die dünne, am unterirdischen, oder hier vielmehr submersen Stengel entstehenden Adventivwurzeln zeigten sehr einfachen Bau. Auf eine einschichtige, unregelmässig nach aussen gewölbte Epidermis von polygonalen, unverdickten Zellen folgen 2—3 Schichten subepidermalen Rindenparenchyms, dessen Zellen ebenfalls polygonal sind und lückenlos zusammenschliessen; darauf folgt durch zahlreiche schizogene Intercellularräume aufgelockertes Rindenparenchym von rundlichen Zellen. Die innerste Lage desselben bildet die deutliche einschichtige Endodermis, innerhalb welcher sich der axile, rudimentäre Leitbündelstrang befindet, der nur aus wenigen Gefässen und Phloembündelchen, umgeben von zartwandigem Gewebe, besteht und dessen Bau mit dem der Adventivwurzeln von Trapa natans wesentlich übereinstimmt.

Epilobium sericeum.

Blatt: Bau wie Epilobium angustifolium, sehr reich an Raphidenidioblasten. Pallissadengewebe sehr kurzgliedrig.

Stengel und **Wurzel:** wie bei Epilobium angustifolium.

Ebenso verhalten sich die anderen vorhin genannten Epilobiumarten; Epilobium roseum, tetragonum, palustre gleichen in ihrem Bau, wenn sie an nassem Standort gewachsen sind, Epilobium hirsutum. — Bei Epilobium tetragonum beobachtete ich auch das nach Schenk vorhin beschriebene Wurzel-Aerenchym, welches sich aus dem im Pericambium des pentarchen Gefässbündelteils entstehenden Phellogen bildet. Bezüglich des Baues des Korkes aller Epilobiumarten ist noch zu erwähnen, dass oft nicht alle Schichten der als Kork angesehenen Zellen verkorkt sind, sondern dass zwischen verkorkten Zelllagen auch unverkorkte, dünnwandige Zelllagen sich finden, welche dann an den Punkten, wo sich verkorkte und unverkorkte Schichten berühren, oft gewellt sind und kleine Interstitien bilden. Ich bezeichne diese nicht verkorkten Schichten mit v. Höhnel[4]) als Phelloidschichten (besonders schön aus-

---

[4]) Vergl.: Fr. v. Höhnel. Über den Kork und verkorkte Gewebe überhaupt. Sitzungsber. Acad. Wissen. Wien 1877. Bd. LXXVI. Separatabdruck p. 93.

gebildet bei Fuchsiaarten, siehe Zeichnung Nr. X). — Im Korke vieler Epilobiumarten, besonders Epilobium tetragonum, finden sich gerbstoffreiche braune Inhaltsstoffe (Phlobaphene) abgelagert.

Gattung Chamaenerium.

Chamaenerium palustre (Scop.).

(Würzburg.)

Blatt.

Die oberen Epidermiszellen sind polygonal, unregelmässig unduliert; ebenso die der unteren Epidermis. Auf dem Querschnitte sind die Epidermiszellen beiderseitig niedrig rechteckig bis oval, mit verdickten Aussenwandungen und schwacher Cuticula. Spaltöffnungen beiderseits ohne Nebenzellen. Der Blattbau ist isolateral; beiderseits findet sich zweischichtiges Pallissadengewebe. Die Mitte des Blattes wird von mehrschichtigem Mesophyll eingenommen, welches aus rundlichen bis polygonalen Zellen besteht und nicht sehr dicht ist. Die Nerven sind im Parenchymgewebe eingebettet, welches bei den Hauptnerven von Epidermis zu Epidermis durchgeht und dessen äussere Schichten samt der Epidermis dann schwach verdickt sind; bei den Nebennerven wird jedoch das Parenchym beiderseits vom Pallissadengewebe begrenzt. Anordnung des Gefässbündels bei den Hauptnerven bicollateral, bei den Nebennerven collateral. Zahlreiche Raphidenidioblasten und einzellige, teils keulige, teils spitze Trichome mit körnig, plotoplasmatischem Inhalt.

Stengel.

Auf die einschichtige Epidermis, bestehend aus niedrigen, tangential gestreckten bis rechteckigen sehr dickwandigen Zellen, die zu zahlreichen teils spitzen, teils keuligen Haaren ausgestülpt sind, folgt Rindenparenchym von polygonalen dünnwandigen Zellen, dessen äussere Schichten stark collenchymatisch verdickt sind. Darauf Sklerenchymfaserring, in der secundären Rinde Phellogenbildung, Phloemzone, Cambium und concentrischer Xylemring. Im Marke zahlreiches intraxyläres Phloem, teils den Gefässbündeln angehörig, teils auch tiefer im Marke. Die weitlumigen Gefässe sind Netz-Spaltentüpfel und undeutliche Hoftüpfelgefässe mit geraden und schiefen Querwänden und runden Perforationen. Das Prosenchym ist sehr dickwandig und langgestreckt und einfach getüpfelt. Das Holzparenchym ist auch dickwandig und verholzt. Die Markstrahlen sind ein- bis zweireihig und einfach getüpfelt. Der

Kork zeigt wie bei Epilobium ebenfalls Phelloidschichten und ist reich an gerbstoffreichem Inhalte. In der secundären Rinde zahlreiche Raphidenbündel.

Wurzel.

Die Wurzel hat einen axilen, polyarchen Xylemteil. Die weitlumigen Gefässe, die unregelmässig im Holzparenchym und Prosenchym angeordnet sind, sind Netz- und Spaltentüpfelgefässe mit elliptischen Perforationen und schiefen, selten leiterförmig durchbrochenen Querwänden. Der Xylemteil ist zum grössten Teile, besonders die äusseren Partien, verholzt, jedoch wechseln auch verholzte Partien mit unverholzten ab, in diesen unverholzten Parenchymteilen finden sich nun vereinzelte interxyläre zartwandige Phloembündel. Das die Gefässe umgebende Prosenchym ist einfach getüpfelt, teils schwach verholzt und dickwandig, teils unverholzt und dünnwandig. Das Holzparenchym ist dünnwandig und meist unverholzt. Die Markstrahlen sind einreihig, einfach getüpfelt. Nach aussen mehrschichtiges Cambium, schmale Phloemzone und dann breites Rindenparenchym von auf dem Querschnitte teils polygonal rundlichen, teil tangential gestreckten Parenchymzellen mit zahlreichen Raphidenidioblasten. Die äusseren Lagen desselben sind radial angeordnet und werden nach aussen durch einen mehrschichtigen Kork, dessen Wandungen gewellt sind, begrenzt. Der Kork ist ebenfalls durch Phelloidschichten unterbrochen. Die gesamte primäre Rinde und Epidermis ist abgestossen.

Ebenso verhält sich: Chamaenerium angustifolium (Scop.) (Würzburg).

Gattung Boisduvalia.

Untersucht wurden:

1) Boisduvalia densiflora (Linol.) (e. sem. Madrid, Bot. Gart. Erlangen).
2) Boisduvalia Douglasii (Leipzig).
3) Boisduvalia concinna (Erlangen e. sem. Madrid).

Boisduvalia densiflora (Linol.).

(e. sem. Madrid, Botan. Gart. Erlangen).

Blatt.

Die unteren Epidermiszellen sind unregelmässig polygonal mit starkzackig undulierten Seitenwänden; auf dem Querschnitt sind sie klein, niedrig, in Richtung der Blattfläche etwas gestreckt mit schwach verdickten Aussenwandungen und zarter Cuticula. Die obere Epidermis ist ebenso, nur sind die Seitenwände der Zellen weniger stark undnliert; auf dem Querschnitte sind dieselben etwas grösser und mehr rechteckig. Spaltöffnungen ohne Nebenzellen sind beiderseits vorhanden. Der Blattbau ist bifacial; Pallissadengewebe zweischichtig, Schwammparenchym nicht dicht, aus rundlichen bis polygonalen, oft in der Richtung der Blattfläche etwas gestreckten, dünnwandigen Zellen bestehend. Die Nerven sind im Gewebe eingebettet und sind von dünnwandigem grosszelligen Parenchym umgeben, dessen äussere Schichten schwach collenchymatisch verdickt sind. Die Epidermiszellen sind unter und über den Nerven auch stark verdickt und nach aussen wellig vorgebogen. Die Anordnung des Xylems und Phloems ist bei den Hauptnerven bicollateral, bei den Nebennerven collateral. Raphidenidioblasten sind zahlreich vorhanden; die mit einem dünnen Schleim erfüllten Zellen, in denen die Rhaphiden liegen, erscheinen oft als durchsichtige Punkte. Trichome sind wenig zahlreich als einzellige, lange, stark cuticularisierte Haare vorhanden oder fehlen ganz.

Stengel.

Epidermis: einschichtig, Zellen niedrig oval, tangential gestreckt mit stark verdickten Tangentialwandungen und schwächer verdickten Radialwandungen. Die Aussenwand ist zart cuticularisiert und wellig nach aussen gewölbt. Es finden sich vereinzelte normale Spaltöffnungen und vereinzelte einzellige, stark cuticularisierte Haare. Das darauf folgende Rindenparemchym ist in seinen äusseren Schichten lückenlos und schwach collenchymatisch verdickt, nach innen werden die Zellen rundlich, dünnwandig und lassen kleine Interstitien zwischen sich. Dieses Rindenparenchym ist ungefähr 8—10 Zellreihen stark; darauf folgt eine Schicht etwas tangential abgeplatteter niedriger dünnwandiger Zellen, die im Jugendzustande mit Stärke (transitorische Stärke) vollgepfropft ist; innerhalb dieser Schicht bildet sich im weiteren Wachstumsverlaufe wie bei den vorhergehenden ein Ring ununterbrochener, dickwandiger, aber ziemlich weitlumiger Sklerenchymfasern. Mit der zunehmenden Wandverdickung verschwindet die transitorische Stärke; wird also zum Aufbau dieser Sklerenchymzellen benutzt. Innerhalb dieser bildet sich in dem secundären Rindenparenchym ein Phellogen, das mehrschichtigen Kork mit Phelloidbildung erzeugt. Darauf schmale Phloemzone, normales mehrschichtiges Cambium, concentrischer, verholzter Xylemring und innen grosszelliges Mark mit schwach entwickelten, dem Gefässbündelteil angehörigen, nie tiefer im Mark befindlichen intraxylären Phloembündelchen. Im Rindenparenchym und äusseren Phloem finden sich Raphidenidioblasten. Der Xylemteil zeigt Spiral-Netz und einfache Tüpfelgefässe mit meist geraden Querwänden und meist runden Perforationen. Holzparenchym schwach entwickelt und dünnwandig. Holzprosenchym ist einfach getüpfelt und ziemlich dickwandig. Die Markstrahlen sind einreihig und einfach getüpfelt.

Wurzel.

Die Wurzel hat einen axilen, polyarchen Gefässbündelcylinder. Die zahlreichen, weit- und englumigen Gefässe sind unregelmässig radial angeordnet und von teils verholztem, schwach verdickten Holzparenchym und Prosenchym umgeben; jedoch ist beides nur in direkter Umgebung der Gefässe verholzt, der grössere Teil, besonders nach dem Centrum zu ist parenchymatisch und dünnwandig. In diesem nicht verholzten Teile finden sich interxyläre dünnwandige Phloembündelchen eingesprengt. Die Gefässe sind Netz-, Leiter- und Spaltentüpfelgefässe mit schiefen Querwänden und elliptischen Perforationen. Das langgestreckte Prosenchym ist wenig oder gar nicht verholzt und einfach getüpfelt. Das Holzparenchym ist dünnwandig. Die Markstrahlen sind ein- bis mehrreihig. Nach aussen folgt dann Cambium, äusseres Phloem, secundäres Rindenparenchym, mehrschichtiger Kork und Reste des primären Rindenparenchyms. Der Kork zeigt die vorher besprochene Bildungsweise. Die Reste des primären Rindenparenchyms bestehen aus isodiametrischen dünnwandigen Parenchymzellen, die ziemlich grosse Intercellularen zwischen sich lassen. — Ebenso verhalten sich bezüglich ihres anatomischen Baues:

Boisduvalia Douglasii (Leipzig) und
Boisduvalia concinna (Erlangen e. sem. Madrid).

Gattung Clarkia.

Untersucht wurden von dieser Gattung:

1. Clarkia pulchella (Erlangen).
2. Clarkia elegans (Erlangen).
3. Clarkia integripetala (Erlangen e. sem. Madrid).

Dieselben schliessen sich eng an die vorige Gattung an. Die einzelnen Arten stimmen untereinander vollständig überein.

Blatt.

Obere Epidermiszellen: unregelmässig polygonal mit schwach wellig undulierten Seitenwänden; auf dem Querschnitt niedrig, etwas tangential gestreckt, nach aussen schwach verdickt und wellig gebogen.

Untere Epidermiszellen: genau wie die oberen, nur in der Aufsicht vielgestaltiger und scharf zackig unduliert. Spaltöffnungen beiderseits normal, ohne direkte Nebenzellen. Blattbau ist bifacial. Pallissadengewebe ist ein- bis zweischichtig; die zweite Schicht ist kurzgliedriger und zeigt oft Übergänge zum Schwammparenchym. Das Schwammparenchym ist ziemlich dicht. Die Zellen desselben sind rundlich bis tangential gestreckt. Die Nerven sind eingebettet wie vorher bei Boisduvalia densiflora. Zahlreiche Raphidenidioblasten und wenig einzellige Trichome.

Stengel.

Der Bau ist im allgemeinen vollständig mit Boisduvalia übereinstimmend. Epidermis: einschichtig, aus niedrigen, tangential gestreckten Zellen mit stark verdickten Tangentialwandungen bestehend. Cuticula stark gekörnelt. Die äusseren Schichten des Rindenparenchyms sind stark collenchymatisch verdickt. Der Sklerenchymfaserring ist nicht ganz geschlossen und schwächer entwickelt; das Phellogen entsteht nicht direkt innerhalb des Sklerenchymringes, sondern ungefähr in der 3. bis 4. Zellschicht der sekundären Rinde. Der Kork zeigt dieselbe Ausbildung wie vorher und enthält viel braunschwarze Inhaltsstoffe, die Gerbstoffreaktion zeigen (Phlobaphene). Das äussere Phloem ist schmal; das Xylem sehr stark entwickelt und verholzt. Es enthält: Netz-, einfache und Hoftüpfelgefässe. Das ziemlich dickwandige Prosenchym ist sehr entwickelt und meist einfach getüpfelt, selten undeutlich hochgetüpfelt. Dünnwandiges Holzparenchym wenig vorhanden. Markstrahlen einreihig und einfach getüpfelt. Die Gefässquerwände meist schief, die Gefässperforationen meist rund. Die intraxylären Phloembündel sind schwach entwickelt, gehören immer dem Xylemteil an, nie tiefer im Marke, und haben weit- und englumige Siebröhren. Raphiden finden sich wie vorher.

Wurzel.

Die Wurzel hat einen axilen, gleichmässig, aber schwach verholzten, polyarchen Gefässbündelcylinder. Gefässe nicht sehr weitlumig, meist Netz-, Treppen-, einfache und Hoftüpfelgefässe mit runden Perforationen und meist geraden Querwänden. Prosenchym nicht sehr dickwandig, wie vorher getüpfelt. Markstrahlen ein- bis mehrreihig, einfach getüpfelt. Interxyläres Phloem nicht vorhanden. Cambium, äusseres Phloem, secundäre Rinde und Kork wie bei Boisduvalia.

Gattung Eucharidium.

Untersucht wurden:

1) Eucharidium concinnum
2) Eucharidium grandiflorum } Erlanger Herbar.

Blatt.

Obere Epidermiszellen: polygonal, wellig unduliert; auf dem Querschnitt tangential gestreckt, oval und niedrig.

Untere Epidermiszellen: polygonal, stark zackig unduliert, auf dem Querschnitt niedrig, mehr rechteckig und klein. Die Epidermiszellen sind beiderseits wellig nach aussen gebogen und schwach verdickt mit gekörnelter Cuticula. Spaltöffnungen sind oberseits wenig, unterseits zahlreich vorhanden. Dieselben sind sehr oval gestreckt und ohne Nebenzellen. Der Blattbau ist bifacial. Pallissadengewebe ein- bis zweischichtig. Schwammparenchym ziemlich locker. Der Bau der Nerven ist wie bei den vorhergehenden Arten, ebenso die Raphidenidioblasten. Die beiderseits vorhandenen Trichome sind einzellig und stark höckerig bis gekörnelt cuticularisiert, teils spitz, teils keulig angeschwollen.

Stengel.

Der Bau des Stengels schliesst sich an die vorhergehenden Arten an. Die Epidermis ist einschichtig, an den Tangentialwänden der niedrigen Zellen stark verdickt, nach aussen wellig gebogen und gekörnelt cuticularisiert, mit denselben Trichomen wie am Blatt versehen. Das Rindenparenchym ist sehr schmal, seine äusserste Schicht collenchymatisch verdickt. Der Sklerenchymfaserring ist meist einschichtig und nicht geschlossen. Das innerhalb desselben entstehende Phellogen war erst im Entstehen begriffen und bestand erst aus zwei Zelllagen. Kork- und Phelloidschichten konnte ich daher nicht unterscheiden. Das äussere Phloem ist sehr schmal, ebenso das Cambium. Der concentrische Xylemteil ist schwach verholzt und lässt in seinem Centrum nur ein kleines Mark, welches sehr schwach entwickelte und wenige intraxyläre Phloembündelchen, die entschieden dem Xylemteile angehören, zeigt. Der Xylemteil hat Netz-, einfache Tüpfel- und Hoftüpfelgefässe. Das Prosenchym ist meist einfach getüpfelt, jedoch findet sich hier auch deutlich hofgetüpfeltes. Dasselbe ist schwach verholzt und nicht sehr dickwandig. Das Holzparenchym ist dünnwandig und einfach getüpfelt. Die Markstrahlen sind einreihig und einfach getüpfelt. Perforationen und Gefässquerwände wie vorher. Raphidenidioblasten von bekannter Form finden sich im Rindenparenchym, selten auch im Xylemteil.

Wurzel.

Bezüglich des Baues der Wurzel schliesst sich Eucharidium vollständig an Boisduvalia an. Gefässbündelcylinder axil und polyarch, schwach verholzt. Gefässe, Prosenchym und Holzparenchym wie bei Boisduvalia. Intraxyläres Phloem nicht vorhanden. Innere Peridermbildung wie bei den vorhergehenden Arten. Ob der entstandene Kork auch unverkorkte Phelloidschichten zwischen sich lässt, konnte ich bei dem Herbarmaterial nicht entscheiden. Raphidenidioblasten in der secundären Rinde und im äusseren Phloem.

Gattung Godetia.

Dieselbe schliesst sich bis auf geringe, unmassgebliche Unterschiede den vorhergehenden Gattungen an. Untersucht wurden:

1) Godetia Willdenowiana (Erlangen).
2) Godetia Romanzoffii (Erlangen).
3) Godetia lepida } (Erlangen).
4) Godetia amabilis }
5) Godetia Chuminii } (e. sem. Madrid).
6) Godetia grandiflora }

Blatt.

Obere Epidermiszellen: in der Aufsicht polygonal mit wellig undulierten Seitenwänden; auf dem Querschnitt rundlich bis oval, oft mehr hoch als breit, fast senkrecht zur Blattfläche gestellt, nach aussen convex gebogen und stark verdickt.

Untere Epidermiszellen: in der Aufsicht polygonal mit zackig undulierten unregelmässigen Seitenwänden; auf dem Querschnitt wie die oberen Epidermiszellen. Spaltöffnungen sind beiderseits normal, ohne Nebenzellen. Schliesszellen oval mit sehr grossen Atemhöhlen. Der Blattbau ist bifacial. Das Pallissadengewebe ist zweischichtig, die äussere Schicht ist langgliedriger als die zweite. Das Schwammparenchym ist mehrschichtig. Die polygonalen, dünnwandigen, oft tangential gestreckten Zellen desselben schliessen sehr locker zusammen und lassen daher viel kleine Intercellulargänge zwischen sich frei. Die Nerven sind in Parenchym eingebettet, welches von oben nach unten durchgeht und nicht collenchymatisch verdickt ist. Nur die Epidermiszellen sind allseitig stark verdickt und nach aussen gebogen. Bau der Nerven wie vorher bei Boisduvaliarten. Sowohl im Pallissadengewebe, als auch im Schwammparenchym finden sich Raphidenidioblasten, wenn auch seltner als bei den anderen Arten. Ferner finden sich vereinzelte gelbliche bis rötliche Carotincrystalle. Die vorhandenen Trichome sind beiderseits teils spitz, kürzer oder länger und dann säbelförmig, teils kurz keulig angeschwollen. Sie sind stark gekörnelt cuticularisiert. — Genau so verhalten sich die Blätter von Godetia lepida, amabilis und Chuminii. Die Blätter von Godetia Romanzoffii und grandiflora unterscheiden sich insofern, als das sehr lockere Schwammparenchym Neigung zum isolateralen Bau zeigt. Die der unteren Epidermis angrenzende Schwammparenchymzellschicht ist senkrecht zur Blattfläche gestreckt und pallissadenartig gestellt.

Stengel.

Der Bau des Stengels unterscheidet sich nur wenig von den vorhergehenden Gattungen. In jungen Stadien findet man eine einschichtige

Epidermis aus niedrigen, ovalen, tangential vorgestreckten, nach aussen convex gebogenen, stark verdickten, gekörnelt cuticularisierten Zellen. Darunter eine hypodermähnliche Zellschicht, aus grossen isodiametrischen, stark collenchymatisch verdickten Zellen, die in das in seinen äusseren Lagen auch schwach collenchymatisch verdickte, nach innen aber grosslumige, dünnwandige, intercellularreiche Rindenparenchym übergeht. Eine Zellschicht zeichnet sich durch reichen Stärkegehalt (transitorische Stärke) aus, die wohl zum Aufbau des sich im primären Rindenparenchym bildenden Sklerenchymfaserringes verwendet wird. Der Sklerenchymfaserring ist mehrschichtig, aber unterbrochen. In dem innerhalb desselben gelegenen secundären Rindenparenchym bildet sich (ungefähr in der zweiten bis dritten Zellschicht) ein Phellogen, welches nach aussen mehrschichtigen Kork bildet, der deutlich abwechselnd verkorkte Zellschichten mit Phelloidschichten, die kleine Interstitien an den Berührungsflächen mit der nächsten Korklage zwischen sich lassen, erkennen lässt. Der Kork sprengt alles nach aussen ab. Nach innen folgt secundäres, dünnwandiges Rindenparenchym, dessen zwei äussere etwas tangential gestreckte und radial angeordnete Zelllagen ich für Phelloderm halte. Dann folgt die schmale Phloemzone, das normale Cambium, der sehr breite concentrische Xylemteil und innen das verhältnismässig kleine Mark, zwischen dessen grosslumige, dünnwandige Zellen nicht sehr zahlreiche Phloembündelchen, dem Xylemteil angehörig, eingesprengt sind. Der schwach verholzte Xylemteil zeigt weitlumige, nicht zu zahlreiche, einzeln oder in radialen Reihen stehende Gefässe zwischen wenig verholztem, schwach dickwandigem Prosenchym und wenigem Holzparenchym. Die weitlumigen Gefässe haben spaltenförmige Tüpfel und Hoftüpfel mit meist elliptischen Perforationen und meist schiefen, selten leiterförmig durchbrochenen Querwänden. Das langgestreckte Prosenchym ist meist einfach getüpfelt, jedoch auch undeutlich hofgetüpfelt. Das Holzparenchym ist dünnwandig. Die Markstrahlen sind einreihig und einfach getüpfelt. Raphidenidioblasten in der secundären Rinde und im äusseren Phloem. Die Epidermis zeigt in jungen Stadien dieselben Trichome wie die Blätter.

Wurzel.

Der Bau der Wurzel schliesst sich an die vorhergehenden Gattungen an. Der axile Gefässbündelcylinder ist polyarch. Die einzeln oder zu mehreren radial angeordneten weitlumigen, verholzten Gefässe sind von dünnwandigem Prosenchym und wenigem Holzparenchym umgeben. Die Gefässe sind einfache und Hoftüpfelgefässe mit schiefen, selten leiterförmig perforierten Querwänden und runden bis elliptischen Perforationen. Das Prosenchym ist wenig verholzt, einfach und auch undeutlich hofgetüpfelt. Das Holzparenchym ist dünnwandig. Markstrahlen sind nicht vorhanden, wenigstens sind dieselben wegen der Gleichartigkeit der umgebenden Elemente nicht als solche zu unterscheiden. Interxyläres Phloem ist nicht vorhanden. Das äussere Phloem ist schmal und normal ausgebildet. Das schmale secundäre Rindenparenchym ist dünnwandig, aus polygonalen, oft tangential gestreckten Zellen bestehend. Nach aussen schliesst die Wurzel durch einen mehrschichtigen, gerbstoffreichen Kork ab, der unverkorkte Phelloidschichten zwischen sich lässt Die primäre Rinde ist abgestossen. Phelloderm sah ich nicht. Raphidenidioblasten finden sich in der secundären Rinde, sowie im äusseren Phloem.

Bezüglich des Stengel- und Wurzelbaues verhalten sich ebenso: Godetia Rommanzoffii, lepida, Chuminii und grandiflora.

Gattung Oenothera.

Schliesst sich im allgemeinen ebenfalls eng an die vorigen Gattungen an.

Untersucht wurden:

1) Oenothera biennis (Erlangen).
2) Oenothera fruticosa (Erlangen).
3) Oenothera Lamarkiana (Erlangen).
4) Oenothera mollissima (Erlangen e. sem. Madrid).
5) Oenothera glauca (Erlangen).
6) Oenothera longiflora (Leipzig).
7) Oenothera grandiflora (Erlangen).
8) Oenothera tetraptera (Erlangen e. sem. Madrid).
9) Oenothera schizocarpa (Leipzig).
10) Oenothera missuriensis (Leipzig).
11) Oenothera acaulis (Erlangen).
12) Oenothera macrantha (Erlangen e. sem. Madrid).
13) Oenothera Fraseri (Leipzig).
14) Oenothera muricata (Dresden).
15) Oenothera odorata (Erlangen e. sem. Madrid.)

Die im allgemeinen übereinstimmenden Arten habe ich zunächst einer Gesamtbetrachtung unterworfen. Die wenigen eventuellen Ausnahmen sind in Klammern oder am Schlusse der Gattung erwähnt.

Blatt.

Die Epidermis der Blätter der Gattung Oenothera ist stets einschichtig. Die Epidermiszellen sind in der Aufsicht beiderseits polygonal und unregelmässig unduliert, jedoch sind meist die der unteren Epidermis scharfkantig unduliert, während die der oberen mehr wellig unduliert sind; jedoch finden auch Übergänge statt. Auf dem Querschnitte sind die Zellen teils in Richtung der Blattfläche gestreckt und daher ziemlich niedrig, rundlich bis oval, teils mehr oder weniger quadratisch. Die Zellen der unteren Epidermis haben stets ein kleineres Lumen, als die der oberen. Unter- und oberhalb der Blattnerven strecken sich die Epidermiszellen etwas senkrecht zur Blattfläche und werden dadurch relativ höher. Die Aussenwandungen der Epidermiszellen sind teils geradlinig, meist aber etwas nach aussen gebogen und stets verdickt. Die Cuticula, meist zart, weniger oft schwach verdickt, überzieht die Epidermis immer glatt. Hypoderm ist nie vorhanden. Die Spaltöffnungen sind stets beiderseits vorhanden und normal ausgebildet. Die Schliesszellen sind oval bis rund; besonders beschaffene Nebenzellen fehlen. Die Spaltöffnungen liegen meist im Niveau der Epidermiszellen, oft aber wölben sich die Schliesszellen etwas über die Epidermis empor (Oenothera grandiflora und fruticosa). Alle Oenotheren haben bifacialen Blattbau. Das Pallissadengewebe ist stets deutlich entwickelt, meist ein- bis zweischichtig, seltner dreischichtig (Oenothera grandiflora). Die Pallissadenzellen sind mehr oder weniger langgestreckt, von gleicher Breite und sehr dicht. Das stets mehrschichtige Schwammparenchym ist meist dicht, seltner locker mit kleinen Intercellularräumen. Die einzelnen Zellen desselben sind weitlumig, isodiametrisch, oft etwas in Richtung der Blattfläche gestreckt. Die Hauptnerven sind stets in Parenchym eingebettet, welches beiderseits bis zur Epidermis durchgeht und grosslumig, dünnwandig und isodiametrisch in seinen, den beiden Epidermen angrenzenden Schichten jedoch mehr oder weniger collenchymatisch verdickt ist. Der Bau der Gefässbündel ist in den Hauptnerven bicollateral wie im Stengel, in den Nebennerven ist die Anordnung collateral, ferner geht das die Nebennerven umgebende Parenchym meist nicht bis zur Epidermis durch. Raphidenidioblasten finden sich sehr zahlreich sowohl im Schwammparenchym als auch im Pallissadengewebe; öfter auch Carotincrystalle. Alle Oenotheren besitzen ferner Epidermoidalgebilde in Gestalt einzelliger, verschieden langer, teils spitzer, teils keulig angeschwollener Haare mit starker, teils glatter, teils stark gekörnelter Cuticula.

Stengel.

Zu erwähnen ist vorerst, dass einige Oenotheraarten, z. B. Oenothera acaulis, Oenothera Lamarkiana etc., keinen eigentlichen Stengel haben, sondern nur zur Blütenzeit aus der grundständigen Blattrosette einen blütentragenden Stengel treiben. Diejenigen, welche Stengel haben, zeigen den schon bei vielen vorhergehenden Gattungen besprochenen Bau. Die Epidermis ist stets einschichtig. Die Zellen derselben sind tangential gestreckt, niedrig quadratisch bis rechteckig, nach aussen wellig gebogen und stark verdickt. Die meist zarte Cuticula ist glatt oder gekörnelt. Die Trichome sind wie an den Blättern. Das Rindenparenchym ist in seinen subepidermalen Schichten mehr oder weniger stark collenchymatisch verdickt, geht aber nach innen in dünnwandiges Parenchym über. Der Sklerenchymfaserring ist ein- bis mehrschichtig, teils geschlossen, teils unterbrochen. Das Phellogen entsteht in der schon oft besprochenen Weise. Der Kork besteht aus tafelförmigen bis quadratischen Zellen und lässt Phelloidschichten zwischen sich. Das äussere Phloem ist wenig entwickelt und zeigt enge Siebröhren mit sehr kleinen Geleitzellen. Das mehrschichtige Cambium ist normal ausgebildet. Der mehr oder weniger breite, immer concentrisch geschlossene Xylemring ist immer verholzt. Die weit- und englumigen Gefässe sind Spiral-, einfache und Hoftüpfelgefässe; auch Netz- und Treppengefässe kommen vor. Das Prosenchym ist langgestreckt, mässig dickwandig und einfach getüpfelt. Das Holzparenchym meist wenig entwickelt und dann dünnwandig. Die Gefässperforationen sind rund bis elliptisch; die Gefässquerwände teils gerade, teils schief, vereinzelt auch leiterförmig durchbrochen. Die Markstrahlen sind ein- bis zweireihig und einfach getüpfelt. In dem grosszelligen, dünnwandigen, isodiametrischen Markparenchym sind überall zahlreiche intraxyläre Phloemgruppen, die teils direkt innerhalb der Gefässe liegen und dann frühzeitig zu einem fast continuierlichen Ringe zusammenschliessen, teils auch weiter ins Mark hineinragen; niemals aber wirklich markständig sind. Die inneren Weichbastbündel zeigen deutliche, meist englumige Siebröhren und deutliche Geleitzellen, umgeben von dünnwandigem Phloemparenchym. Bei verschiedenen Oenotheren finden sich nun, was ich bis jetzt bei keiner anderen Gattung beobachtete, im inneren Phloem auch vereinzelte alleinstehende Bastfasern, seltner kleine Bastfasergruppen. Es ist dies z. B. der Fall bei: Oenothera biennis, longiflora und grandiflora.

Zahlreiche Raphidenidioblasten finden sich im Marke und im Rindenparenchym, seltner im äusseren Phloem. Der Kork enthält oft, z. B. bei Oenothera mollissima, gerbstoffreiche Inhaltsstoffe.

Wurzel.

Im Baue der Wurzel zeigt die Gattung Oenothera verschiedene Eigentümlichkeiten. Ein Teil der von mir untersuchten Arten schloss sich in seinem anatomischen Baue eng an die vorhergehenden Gattungen an und zwar: Oenothera fruticosa, Oenothera glauca und Oenothera Fraseri. Dieselben hatten einen axilen, mehr oder weniger stark verholzten, polyarchen Gefässbündelcylinder, der innen ein kleines dünnwandiges polygonales Mark zeigte. Nach aussen folgte die mehrschichtige Cambiumzone, die schmale äussere Phloemzone mit wenigen englumigen Siebröhren. Das äussere Phloem geht über in das secundäre dünnwandige Rindenparenchym, dessen Zellen polygonal, oft tangential gestreckt sind; in seinen zwei bis drei äusseren Lagen halte ich dasselbe wegen seiner regelmässigen radialen Anordnung für Phelloderm, welches durch den nach aussen abschliessenden mehrschichtigen Kork nach innen erzeugt worden ist. Der Kork zeigt die schon besprochene Eigentümlichkeit, dass zwischen verkorkten Schichten auch unverkorkte Phelloidschichten sich finden, in hohem Masse. Der Xylemteil besteht aus weit- und englumigen Spiral-, Netz- und Hoftüpfelgefässen. Das Prosenchym ist ziemlich dickwandig und meist einfach getüpfelt, jedoch auch hofgetüpfelt. Holzparenchym ist sehr schwach entwickelt und dann dünnwandig und einfach getüpfelt. Die Markstrahlen sind ein- bis zweireihig und einfach getüpfelt. Im secundären Rindenparenchym finden sich massenhafte Raphidenidioblasten. Bei Oenothera Fraseri und glauca ist der Xylemteil sehr stark verholzt und interxyläres Phloem nicht vorhanden; bei Oenothera fruticosa jedoch wechseln stark verholzte Xylempartien mit weniger verholzten, teilweise sogar parenchymatischen Partien ab. In diesen parenchymatischen Gewebeteilen finden sich zahlreich, seltner mitten im verholzten Gewebe, deutliche interxyläre Phloembündel. Die Wurzeln der anderen von mir untersuchten Oenotheren zeigten die Eigentümlichkeit, dass sie fleischig verdickte, rübenförmige Pfahlwurzeln entwickeln, deren Gewebe als Reservestoffspeicher massenhafte Stärke in sich barg. Der anatomische Bau ist ein von den anderen sehr abweichender. Schon Dr. J. Weiss[2]) erwähnt in seiner Arbeit: „Anatomie und Physiologie fleischig verdickter Wurzeln" unter verschiedenen anderen Wurzeln die von Oenothera biennis und unterzieht dieselben einer anatomischen Untersuchung, deren Resultaten ich vollkommen beipflichte. Oenothera biennis zeigt diesen fleischig verdickten Wurzeltypus entschieden am ausgeprägtesten und infolgedessen auch den abnormen anatomischen Bau; ich konnte jedoch noch für verschiedene andere Oenotheraarten, z. B. Oenothera grandiflora, mollissima, Lamarkiana, tetraptera u. s. w., dieselben oder ganz ähnliche Verhältnisse feststellen. Der allgemeine veränderte anatomische Charakter dieser Wurzeln besteht in dem Zurücktreten der Holzelemente gegen das Parenchym. Es wird eine geringe Menge Gefässe und Prosenchym in dem im allgemeinen stark entwickelten Holzkörper ausgebildet und mit dem fortschreitenden Wachstum nimmt das Verhältnis zwischen Holzelementen und Parenchym zu Gunsten des letzteren zu. Die Wurzel von Oenothera biennis zeigt demgemäss folgenden anatomischen Bau. (Vergl. Zeichnungen No. VII u. VIII.)

Die Peripherie der Wurzel wird durch einen mehrschichtigen Kork begrenzt, dessen Zellen niedrig abgeplattet sind, mit oft gewellten Tangentialwandungen. Es wechselt je eine Phelloidschicht mit einer verkorkten Zellschicht. Nach innen folgt dünnwandiges Rindenparenchym, dessen polygonale Zellen tangential gestreckt sind und die ich in seinen dem Korke angrenzenden Lagen wegen der sehr regelmässigen radialen Anordnung für Phelloderm halte. Nach innen runden sich die Zellen des Rindenparenchyms ab und lassen kleine Intercellularen zwischen sich. Innerhalb dieses Rindenparenchyms, an der Grenze gegen das äussere Phloem, findet eine nochmalige innere Peridermbildung statt. Das

---

[2]) Dr. J. Weiss: Anatomie und Physiologie fleischig verdickter Wurzeln. Flora 1880. No. 7.

Phellogen erzeugt einen 3—4 Zelllagen starken sekundären Kork von derselben Beschaffenheit wie oben. Phelloderm sah ich hier nicht. Alles innerhalb desselben gelegene Gewebe ist Phloem und Xylem. Der Radius des Xylemringes ist ungefähr doppelt so gross als der des Phloemringes. Die dünnwandigen Elemente des Phloems sind in radialen Reihen angeordnet und oft etwas tangential gestreckt; in demselben finden sich zahlreiche Siebröhrenbündel mit ihren englumigen Geleitzellen eingesprengt. Das mehrschichtige normale Cambium ist deutlich entwickelt.

Der axile, polyarche Gefässbündelcylinder ist mit Ausnahme der Gefässe vollständig unverholzt. Die Gefässe liegen einzeln oder in grösseren oder kleineren Gruppen, meist weitlumig, seltner englumig, ziemlich regellos im Xylem zerstreut. Dieselben sind umgeben von einigen englumigen prosenchymatischen unverholzten Faserzellen. Das ganze andere Xylem setzt sich aus parenchymatischen Elementen zusammen, welche unverholzt und radial gereiht sind. Nach innen runden sich diese Parenchymzellen ab und lassen Intercellularen zwischen sich. In allen Teilen des Xylems finden sich nun meist innerhalb oder ausserhalb der Gefässe oder Gefässgruppen zahlreiche, wohlentwickelte, interxyläre Phloembündel. Die Gefässe sind nur Netzgefässe oder solche mit treppen- und leiterartig verdickten Wandungen, selten Hoftüpfelgefässe. Die umgebenden Zellen sind längsgestreckt prismatisch mit spitzen oder horizontalen Enden übereinander stehend. Wirkliche Markstrahlen sind kaum zu unterscheiden, dieselben kennzeichnen sich nur durch einzelne oder mehrreihige radiale Parenchymstreifen. Im Rindenparenchym und im Phloem, selten auch im Xylem finden sich Raphidenidioblasten. Vollständig ebenso in ihrem anatomischen Wurzelbau verhalten sich: Oenothera Lamarkiana, Oenothera acaulis und Oenothera muricata; nur die secundäre Peridermbildung wurde bei diesen nicht beobachtet.

Oenothera tetraptera, mollissima und grandiflora zeigen insofern geringe Verschiedenheiten, als grössere oder kleinere Partien in der Umgebung der Gefässe verholzen und sich prosenchymatisch ausbilden; bei Oenothera grandiflora sogar der ganze äussere Teil des Xylems. Die Gefässe sind hier ebenfalls netzförmig und treppenartig verdickte, sowie Hoftüpfel-Gefässe. Das nicht sehr dickwandige Prosenchym ist einfach getüpfelt. Die Markstrahlen, die innerhalb der verholzten Partien leicht zu erkennen sind, sind ein- bis zweireihig und einfach getüpfelt. Das interxyläre Phloem findet sich hier meist in den parenchymatischen Partien, jedoch auch, wenngleich seltener, in der Umgebung der Gefässe mitten zwischen verholztem Gewebe. Secundäre innere Peridermbildung wurde bei diesen Arten nicht beobachtet. Phelloderm ist schwach oder gar nicht entwickelt. Raphidenidioblasten im Phloem, seltner im Xylem wie vorher.

Gattung Gaura.

Untersucht wurden hiervon:

1) Gaura parviflora (Leipzig u. Erlangen e. sem. Madrid).
2) Gaura biennis (Leipzig).
3) Gaura Drummondi (Erlangen e. sem. Madrid).
4) Gauridium molle (Erlangen e. sem. Madrid).

Blatt.

Die oberen Epidermiszellen sind in der Aufsicht polygonal mit geraden oder ganz schwach undulierten Seitenwänden; auf dem Querschnitt quadratisch bis rechteckig, in Richtung der Blattfläche etwas gestreckt mit convex nach aussen gebogenen, stark verdickten Aussenwänden. Die unteren Epidermiszellen sind unregelmässig polygonal mit starkzackig undulierten Seitenwänden; auf dem Querschnitt genau so wie die oberen, nur kleinlumiger. Die Spaltöffnungen sind normal ausgebildet und beiderseits vorhanden. Direkte Nebenzellen sind nicht vorhanden, manche Spaltöffnungen werden von einer Epidermiszelle umgeben, die sich in der Aufsicht durch Kleinheit von den anderen unterscheidet. Der Blattbau ist bifacial. Die Schliesszellen der Spaltöffnungen wölben sich meist etwas über das Niveau der sie umgebenden Epidermiszellen empor. Das Pallissadengewebe ist zweischichtig, die zweite Schicht oft etwas kurzgliedriger als die erste. Das Schwammparenchym ist mehrschichtig, teils dicht, teils etwas durch kleine Intercellularen aufgelockert. Der Bau der Gefässbündel ist wie bei den vorhergehenden Arten. Dieselben sind im Parenchym eingebettet, letzteres geht beiderseits durch und ist in seinen äusseren Schichten, besonders unter der oberen Epidermis stark collenchymatisch verdickt. Raphidenidioblasten finden sich zahlreich, namentlich im Pallissadengewebe, und zwar meist in Richtung desselben längsgestreckt. Beiderseits finden sich zahlreiche einzellige, stark cuticularisierte, teils spitze, teils keulige Haare mit feinkörnigem protoplasmatischen Inhalt. Die oft vorhandenen durchsichtigen Punkte rühren von den Idioblasten her.

Stengel.

Es standen mir nur Stengel von Gaura biennis und Gaura parviflora zur Verfügung, da die aus Samen gezogenen jungen Arten keine Stengelbildung zeigten, sondern Stauden mit grundständigen Blättern waren. Der allgemein anatomische Bau schliesst sich vollkommen den vorhergehenden Arten an. Epidermis einschichtig, niedrig, tangential gestreckt, allseitig stark verdickt, mit gekörnelter Cuticula, vereinzelten Spaltöffnungen und zahlreichen einzelligen Trichomen wie am Blatte, deren

Inhalt Gerbstoffreaction zeigt. Rindenparenchym sehr schmal, stark collenchymatisch verdickt, besonders die subepidermale Zellschicht. Sklerenchymfaserring mehrschichtig, nicht geschlossen; Peridermbildung schwach, das Phellogen entsteht erst ziemlich spät innerhalb der Sklerenchymfasern. Phloem, Cambium und der stark verholzte concentrische Xylemteil wie bei den vorhergehenden Gattungen. Intraxyläres Phloem reichlich bündelweise entwickelt, nie tief im Marke, sondern stets dem Xylemteil angehörig. Raphidenidioblasten wie vorher.

Wurzel.

Der Bau der von mir untersuchten Gauraarten stimmte mit dem der fleischigen Oenotherenwurzeln vollständig überein. Wiederholte innere Peridermbildung beobachtete ich nicht. Korkbeschaffenheit wie bei Oenothera. Phelloderm schwach entwickelt. Phloem- und Cambium normal. Xylemteil besteht ganz aus parenchymatischen Elementen, nur die Gefässe sind verholzt; bei Gauridium molle wechseln verholzte Partien mit unverholzten ab. Zahlreich entwickeltes interxyläres Phloem und massenhafte Raphidenidioblasten innerhalb des Xylems. Axiler Xylemteil ist polyarch. Bau der Gefässe wie bei Oenothera. Markstrahlen je nach dem Grade der Verholzung kaum unterscheidbar von den umgebenden Parenchymelementen oder ein- bis zweireihig und einfach getüpfelt.

Gattung Lopezia.

Untersucht wurden:

1) Lopezia coronata (Erlangen).
2) Lopezia minima (Erlangen e. sem. Madrid).
3) Lopezia fruticosa
4) Lopezia hirsuta
5) Lopezia mexicana
6) Lopezia racemosa

(3–6: Erlanger Herbarium.)

Blatt.

Die oberen Epidermiszellen sind polygonal mit schwach wellig undulierten Seitenwänden; auf dem Querschnitt niedrig, quadratisch bis rechteckig tangential gestreckt, nach aussen convex gebogen und schwach verdickt. Cuticula glatt, aber gekörnelt. Die unteren Epidermiszellen sind in der Aufsicht polygonal, stark zackig unduliert; auf dem Querschnitt wie die oberen, nur kleinlumiger. Die sehr grossen, normalen Spaltöffnungen sind beiderseits vorhanden, oberseits allerdings sehr vereinzelt; ohne direkte Nebenzellen. Die Schliesszellen der Spaltöffnungen wölben sich auf dem Querschnitt über das Niveau der sie umgebenden Epidermiszellen empor und besitzen, namentlich unterseits, sehr grosse tiefgehende Atemhöhlen. Der Blattbau ist bifacial. Das Pallissadengewebe ist einschichtig; seine Zellen sehr langgliedrig und cylindrisch. Das Schwammparenchym ist meist sehr dicht; seine Zellen rundlich, schwach in Richtung der Blattfläche gestreckt, mit sehr kleinen Interstitien. Der Bau der Nerven ist derselbe, wie bei allen vorhergehenden Arten. Raphidenidioblasten sehr zahlreich, namentlich im Pallissadengewebe. Dieselben stehen meist in der Richtung der Pallissadenzellen, d. h. senkrecht zur Blattfläche; oft veranlassen sie durchsichtige Punkte. Die Trichome sind, wenn vorhanden, einzellig, spitz oder keulig angeschwollen, stark gekörnelt oder gebuckelt cuticularisiert. Lopezia coronata und minima zeigten keine Trichombildung.

Stengel.

Der allgemeine anatomische Bau ist derselbe wie bei den vorhergehenden Gattungen. Epidermis: einschichtig, Zellen niedrig, tangential gestreckt, convex nach aussen gebogen. Cuticula schwach gekörnelt oder glatt. Die Aussenwände der Epidermiszellen sind stark, die Innenwände etwas schwächer verdickt. Das Rindenparenchym ist schmal, die äusseren Lagen stark collenchymatisch verdickt, die inneren Zelllagen dünnwandig polygonal, oft etwas tangential gestreckt, mit kleinen Interstitien. Der Sklerenchymfaserring ist schmal, ein- bis zweischichtig. Das Phellogen scheint innerhalb des Sklerenchymfaserringes ziemlich spät zu entstehen. An den von mir untersuchten Exemplaren waren die Zellen der innerhalb des Sklerenchymringes gelegenen Rindenparenchymzellschicht noch in der Teilung durch Tangentialwände begriffen. Der Bau des Korkes konnte daher nicht verfolgt werden. Das äussere Phloem und Cambium wie bei den vorhergehenden Arten. Der concentrische, mehr oder weniger stark verholzte Xylemteil zeigt Spiral-, Netz- und Hoftüpfelgefässe mit geraden Scheidewänden und runden Perforationen. Das schwach dickwandige Prosenchym ist einfach getüpfelt. Das wenige Holzparenchym ist dünnwandig. Die Markstrahlen sind einreihig und einfach getüpfelt. Das innere Phloem ist nicht sehr zahlreich in kleinen Bündeln in der Peripherie des grosszelligen, dünnwandigen Markes zerstreut. Raphidenidioblasten im Marke selten, häufig in der secundären Rinde und im Phloem.

Wurzel.

An dem Herbarmaterial waren keine Wurzeln vorhanden; ich konnte daher nur diejenigen von Lopezia coronata und minima untersuchen. Dieselben zeigten einen axilen, tetrarchen Xylemcylinder mit weitlumigen und englumigen, radial angeordneten Gefässen. Die Gefässe sind meist Netz-, Treppen- und Leitergefässe mit runden und elliptischen Perforationen und meist geraden Querwänden. Das schwach verholzte Prosenchym ist nicht sehr dickwandig, und einfach getüpfelt. Das schwach entwickelte Holzparenchym ist dünnwandig. Die ein- bis mehrreihigen Markstrahlen sind einfach getüpfelt. Innen findet sich ein kleines Mark aus polygonalen Zellen. Im Xylemteil finden sich vereinzelte zartwandige interxyläre Phloemgruppen, mit ziemlich weitlumigen Siebröhren und englumigen Geleitzellen. Nach aussen folgt das mehrschichtige Cambium, die schmale äussere Phloemzone mit ebenfalls sehr weitlumigen Siebröhren; das darauf folgende secundäre Rindenparenchym ist unregelmässig polygonal, dünnwandig; seine äusseren Zelllagen sind deutlich radial angeordnet und halte ich dieselben für Phelloderm, das von dem das Ganze nach aussen abschliessenden, durch innere Peridermbildung entstandenen, mehrschichtigen Korke, welcher in der früher besprochenen Weise ausgebildet ist, noch innen gebildet worden ist. Raphidenidioblasten finden sich stets im äusseren Phloem und in der Rinde, nicht im Xylem. Der Kork enthält häufig gerbstoffreiche Inhaltsstoffe.

Gattung Fuchsia.

Untersucht wurden von dieser Gattung:

1) Fuchsia gracilis (Erlangen).
2) Fuchsia coccinea var. hybrida (Erlangen).
3) Fuchsia hybrida (Erlangen).
4) Fuchsia syringiflora (Erlangen).
5) Fuchsia fulgens (Erlangen).
6) Fuchsia microphylla (Leipzig).
7) Fuchsia alpestris (Leipzig).
8) Fuchsia excorticata (Leipzig).
9) Fuchsia procumbens (Leipzig).
10) Fuchsia arborescens (Leipzig).

Blatt.

Die Zellen der oberen Epidermis sind in der Aufsicht polygonal mit vollständig geraden Seitenwänden, z. B. Fuchsia fulgens, oder schwach undulierten Seitenwänden, z. B. Fuchsia hybrida; auf dem Querschnitt sind dieselben niedrig, rechteckig bis oval, in Richtung der Blattfläche gestreckt, nach aussen stark verdickt und convex gebogen. Die Zellen der unteren Epidermis sind in der Aufsicht immer stark wellig bis scharf zackig unduliert und polygonal; auf dem Querschnitte sind sie ebenfalls niedrig, kleinlumiger als die oberen Epidermiszellen und nach aussen schwächer verdickt. Normale Spaltöffnungen ohne Nebenzellen finden sich nur unterseits. In der Aufsicht sind dieselben rund bis oval; auf dem Querschnitte liegen sie im Niveau der sie umgebenden Epidermiszellen, selten wölben sie sich etwas über dieselbe empor. Der Blattbau ist stets bifacial; das Pallissadengewebe ist meist einschichtig, seltner zweischichtig (Fuchsia excorticata). Die Pallissadenzellen sind meist sehr kurzgliedrig; die zweite Schicht, wenn vorhanden, immer kurzgliedrig. Das Schwammparenchym ist stets mehrschichtig, oft sehr dicht (Fuchsia arborescens und excorticata), weit öfter aber locker und viele kleine Interstitien zwischen sich lassend. Die Zellen desselben sind dünnwandig, rundlich bis viereckig, auch polygonal und meist in Richtung der Blattfläche etwas gestreckt. Die Nerven sind stets in parenchymatisches Gewebe eingebettet, welches nach beiden Seiten bis zur Epidermis durchgeht. Die äusseren Lagen dieser Zellen sind mehr oder weniger collenchymatisch verdickt. Die Epidermiszellen sind unterhalb und unterhalb der Nerven etwas senkrecht zur Blattfläche gestellt und dadurch höher als breit. Sie sind allseitig stark verdickt. Der Bau der Gefässbündel ist in den Hauptnerven bicollateral, in den Seitennerven geht er in den collateralen Bau über. Die Siebröhren sind ziemlich weitlumig. Bei einigen Fuchsien fand ich nun die Gefässbündel mit einem mehr oder weniger stark entwickelten Sklerenchymfaserring, besonders unterseits umgeben (Fuchsia alpestris, syringiflora etc.). Raphidenidioblasten fanden sich massenhaft sowohl im Schwammparenchym, als auch im Pallissadengewebe, ebenso, wenn auch weniger zahlreich, rhombische, krystallähnliche Carotintüpfelchen. Trichome fehlen einige Arten, bei anderen sind sie in Gestalt von ein- und mehrzelligen, teils spitzen, teils keulig angeschwollenen, stark gekörnelt cuticularisierten Haaren vorhanden (Fuchsia arborescens, excorticata).

Stengel.

Die Epidermis ist stets einschichtig; die Zellen derselben sind niedrig, tangential gestreckt, allseitig verdickt und bei einigen Arten zu den bei den Blättern beschriebenen Haaren ausgestülpt. Das primäre Rindenparenchym ist in seinen äusseren Lagen collenchymatisch verdickt, nach innen geht es in grosszelliges, dünnwandiges Parenchym über. Einzelne Zellen oder auch Zellgruppen desselben verdicken ihre Wandungen nachträglich und werden sklerotisch; der Sklerenchymfaserring ist ein- bis mehrschichtig, mehr oder weniger stark entwickelt. Das direkt innerhalb dieses Sklerenchymfaserringes in der weiteren Entwickelung entstehende Phellogen erzeugt einen mehrschichtigen Kork, der die für die meisten Onagraceen typische Korkbildung sehr schön zeigt. Es wechselt je eine Zelllage Kork mit je einer Zelllage Phelloid. Die Korkzellen sind sehr regelmässig quadratisch bis tafelförmig, ziemlich dickwandig und fest. Die Phelloidzellen sind sehr zusammengepresst, dünnwandig, schmal tafelförmig, oft mit braunem Inhalte; dort, wo sie nach innen an Korkzellen grenzen, lassen sie meist kleine Intercellularräume frei. Der schmale äussere Phloemteil zeigt ziemlich grosse Siebröhren. Das Cambium ist normal. Der concentrische Xylemteil ist sehr stark entwickelt und stark verholzt. Die meist weitlumigen Gefässe sind Netz-, Treppen-, Leiter- und Hoftüpfelgefässe mit meist elliptischen Perforationen und meist geraden Querwänden. Das Prosenchym ist sehr stark entwickelt, verholzt, ziemlich dickwandig, meist einfach getüpfelt, seltner undeutlich hofgetüpfelt, bei einigen Arten, Fuchsia fulgens, gracilis, syringiflora etc. ist dasselbe gefächert. Das Holzparenchym ist schwach entwickelt und dünnwandig. Die Markstrahlen sind einreihig und einfach getüpfelt. Das Mark besteht aus grossen, dünnwandigen polygonalen Zellen, von denen sich einige verdicken und sklerotisch werden. Das intraxiläre Phloem ist immer sehr reichlich entwickelt, ist aber nie markständig, sondern gehört stets dem Xylemteil an. Raphidenidioblasten finden sich im Mark, im Phloem und in dem Rindenparenchym. Viele Zellen des Rindenparenchyms und des Korkes enthalten gelbe bis braune gerbstoffreiche Inhaltsstoffe.

Wurzel.

Die von mir untersuchten Wurzeln von Fuchsia fulgens, Fuchsia gracilis, Fuchsia hybrida, Fuchsia syringiflora ähnelten in ihrem Baue sehr den Wurzeln der Gattung Oenothera. Dieselben sind ebenfalls teilweise knollig verdickt und fleischig angeschwollen. Nach aussen werden die Wurzeln alle durch einen mehrschichtigen Kork, der die vorher besprochene Bildungsweise zeigt (Phelloidschichten schön ausgebildet, vergl. Zeichnung Nr. X), begrenzt; derselbe ist durch innere Peridermbildung entstanden. Nach innen folgt dann secundäres Rindenparenchym, dessen äussere Lagen ich für Phelloderm halte. Nach innen werden die dünnwandigen Zellen desselben polygonal und unregelmässig. Darauf kommt der schmale äussere Phloemteil, das normale Cambium und dann der axile Gefässbündelcylinder; derselbe zeigt polyarche Anordnung. Die Gefässe sind weit- und englumig, stehen einzeln oder in Gruppen und sind unregelmässig, jedoch radial angeordnet und in dem übrigen Gewebe des Xylemteiles verteilt. Die Gefässe sind meist Netz- und Treppengefässe, wenig Hoftüpfelgefässe. Die Querwände sind teils schief, teils gerade; die Perforationen sind rund bis elliptisch. Das Prosenchym ist sehr stark entwickelt, mehr oder weniger verholzt, einfach getüpfelt, oft gefächert. Das Parenchym des Holzes ist wenig entwickelt und dünnwandig. Interxyläres Phloem sah ich nicht. Die Markstrahlen sind ein- bis mehrreihig und einfach getüpfelt. Mark ist nicht vorhanden. In den fleischig verdickten Teilen der Wurzeln nehmen die spezifischen Xylemelemente bedeutend ab. Nur die Gefässe und deren nächste Umgebung sind mehr oder weniger verholzt, sonst ist alles, ganz ähnlich wie bei den Oenotheren, in parenchymatisches Gewebe umgewandelt, welches radial angeordnet ist, nach innen sich abrundet und Intercellularen zwischen den Zellen freilässt. Die Markstrahlen sind nur durch ihre radiale Anordnung als solche zu erkennen. Rhaphidenidioblasten sind massenhaft im Phloem und in der secundären Rinde. Alle Teile des Gewebes zeichnen sich durch reichen Gerbstoffgehalt aus.

Gattung Circaea.

Untersucht wurden:

1) Circaea lutetiana (Leipzig).
2) Circaea intermedia (Dresden).
3) Circaea alpina } Erlanger Herbar.
4) Circaea canadense (var. ludet) } Erlanger Herbar.

Blatt.

Die Zellen der oberen Epidermis sind in der Aufsicht polygonal mit schwach verdickten, stark wellig undulierten Seitenwänden; auf dem Querschnitt sind sie niedrig, in Richtung der Blattfläche gestreckt, nach aussen convex gebogen und schwach verdickt. Die unteren Epidermiszellen sind polygonal mit stark zackig undulierten Seitenwänden, auf dem Querschnitte sind dieselben wie die oberen nur etwas kleinlumiger und weniger nach aussen gewellt. Spaltöffnungen sind nur unterseits in normaler Ausbildung ohne Nebenzellen vorhanden. Der Blattbau ist bifacial. Das Pallissadengewebe ist einschichtig; die Zellen desselben sehr kurzgliedrig, fast rechteckig. Das Schwammparenchym ist mehrschichtig, ziemlich dicht. Die Zellen desselben sind polygonal bis rundlich, oft etwas in Richtung der Blattfläche gestreckt. Die Nerven sind im parenchymatischen Gewebe eingebettet, dessen subepidermale Schichten schwach collenchymatisch verdickt sind. Die Epidermiszellen sind unter und oberhalb der Nerven senkrecht zur Blattfläche gestellt und stark verdickt. Der Bau der Nerven ist in den Hauptnerven bicollateral, in den Nebennerven collateral. Raphidenidioblasten zahlreich, namentlich im Schwammparenchym. Trichome finden sich in Gestalt vereinzelter einzelliger Haare mit oft gekörnelter Cuticula.

Stengel.

Der Stengel zeigt eine einschichtige Epidermis, deren Zellen tangential gestreckt, niedrig, rechteckig, nach aussen convex gebogen, schwach verdickt und gekörnelt cuticularisiert sind. Darauf folgt Rindenparenchym, dessen äussere subepidermale Lagen hypodermähnlich zusammenschliessen und stark collenchymatisch verdickt sind. Nach innen grosszelliges, dünnwandiges Rindenparenchym aus polygonalen Zellen, die oft etwas tangential gestreckt sind. In demselben finden sich vereinzelte Sklerenchymfasern. In der innerhalb dieser Sklerenchymfasern gelegenen Zellschicht finden Tangentialteilungen statt; anscheinend die Phellogenanlage, jedoch fand ich bei den von mir untersuchten Exemplaren nie Kork entwickelt. Darauf folgt das schmale Phloem, das deutliche mehrschichtige Cambium und der concentrische, schwach verholzte Xylemteil, welcher ein grosszelliges, dünnwandiges Mark umschliesst, in dem sich in der Peripherie zahlreiche, kreisförmig angeordnete, intraxyläre Phloembündel finden, deren Siebröhren langgestreckt und englumig sind. Die meist englumigen Gefässe sind Spiral-, Netz- und Spaltentüpfelgefässe mit schiefen und geraden Querwänden und runden bis elliptischen Perforationen. Das reichlich entwickelte Prosenchym ist schwach verdickt und einfach getüpfelt. Das Holzparenchym ist dünnwandig. Die Markstrahlen sind einreihig und einfach getüpfelt. Raphidenidioblasten finden sich zahlreich im Phloem und im Rindenparenchym.

Wurzel.

Die Wurzeln zeigen aussen einem mehrschichtigen, wie früher besprochen, typisch ausgebildeten Kork, dem die Reste der primären Rinde noch anhaften, innerhalb desselben eine Pericambialschicht, dann zartwandiges Phloem, schmales undeutliches Cambium und der axile, polyarche, schwach verholzte Gefässbündelcylinder, der innen ein kleines Mark aus polygonalen Zellen umschliesst. Interxyläres Phloem sah ich nicht. Die weit- und englumigen Gefässe sind Spiral-, Netz- und Leitergefässe wie beim Stengel. Das Prosenchym ist dünnwandig und einfach getüpfelt. Das Holzparenchym ist dünnwandig. Die Markstrahlen sind ein- bis mehrreihig und einfach getüpfelt. Raphidenidioblasten fehlen.

Allgemeiner Teil.

Bei einer Zusammenstellung der von mir untersuchten Gattungen und Arten der Onagraceen und einer vergleichenden Gesamtbetrachtung der gefundenen anatomischen Merkmale und Eigentümlichkeiten gelangte ich zu dem Urteile, dass zwar im anatomischen Baue der Vegetationsorgane der von mir untersuchten Gattungen und Arten bezüglich gewisser anatomischen Merkmale grosse Übereinstimmung herrscht, dass aber andrerseits verschiedene Abweichungen von dem normalen Bau durch mancherlei physiologische Verhältnisse (Standort, Wasser, Beleuchtung u. s. w.) bedingt sind. Trotzdem würde ich es unternommen haben, ausser den allgemeinen feststehenden Merkmalen, auf Grund der Verschiedenheiten, vielleicht Characteristica der einzelnen Gattungen und Arten aufzustellen, jedoch waren die durch physiologische Umstände bedingten Abweichungen nie für die Gattung constant. Es ändert sich sogar mit der Verschiedenheit der physiologischen Momente bei ein und derselben Gattung, ja bei ein und derselben Art sofort der anatomische Bau. Es ist z. B. das Entstehen eines Phellogens innerhalb eines mehr oder weniger entwickelten Bastfaserringes für alle von mir untersuchten Gattungen constant; jedoch bildet dasselbe z. B. bei Jussieuaarten bei trockenem Standorte Kork, bei nassem Standorte das nach H. Schenk zwar dem Korke homologe, aber doch im anatomischen Baue grundverschiedene Gewebe „das Aerenchym", ja bei eventuell abwechselndem bald feuchtem, bald trockenem Standort sogar abwechselnde Kork- und Aerenchymlagen aus. Bei Epilobiumarten war die Arenchymbildung auch für einige Arten bekannt; ich konnte dadurch, dass ich z. B. Samen von Epilobium tetragonum im Sumpfe keimen und vegetieren liess, die Bildung desselben auch für diese Art feststellen. Bei den fleischig verdickten Wurzeln mancher Oenothera- und Gauraarten, die als Reservestoffspeicher fungieren, finden sich auch dem Zwecke als Reservestoffspeicher entsprechende abnorme Verhältnisse. Inwieweit derartige Abnormitäten, bedingt durch diese oder jene Umstände, auch für andere Gattungen oder Arten möglich sind, muss ich dahingestellt sein lassen; ebenso ist es mir daher nicht möglich, derartige verschiedentliche Abweichungen im anatomischen Baue als endgültige Characteristica für ganze Gattungen aufzustellen.

Ich werde daher die gefundenen Resultate im allgemeinen Teile einer Gesamtbetrachtung unterziehen und zwar zunächst die für alle von mir untersuchten Gattungen constanten anatomischen Merkmale anführen, sodann aber zur allgemeinen Betrachtung der verschiedenen Gewebearten etc. übergehen.

Als constante Characteristica für die ganze Familie sind zu erwähnen:

I. Für die Blätter.

a) Das Fehlen besonderer Nebenzellen an den Spaltöffnungen.
b) Das Vorhandensein von Raphidenidioblasten.
c) Die Einbettung der Nerven in Parenchym, dessen äussere subepidermale Lagen collenchymatisch verdickt sind.

II. Für den Stengel.

a) Die Bicollateralität der Gefässbündel.
b) Der übereinstimmende Bau des Holzes.
c) Die stets einschichtige Epidermis.
d) Die mehr oder weniger starke hypodermähnliche collenchymatische Verdickung des subepidermalen Rindenparenchyms.
e) Das Vorhandensein von ringförmig angeordneten Sklerenchymfasern.
f) Die Bildung eines Phellogens innerhalb der Sklerenchymfasern.
g) Das Vorhandensein von Raphidenidioblasten in Mark, Rinde und fast allen Teilen der Pflanzen.

III. Für die Wurzel.

a) Der stets axile Gefässbündelcylinder.
b) Die stete innere Epidermbildung.
c) Das Vorhandensein von Raphidenidioblasten.

Blattstructur.

Die Epidermis ist stets einschichtig. Hypoderm ist nie vorhanden. Die Epidermiszellen sind in der Flächenansicht oft auf beiden Blattseiten gleich. Die Seitenränder derselben sind teils geradlinig, teils mehr oder weniger unduliert. Meist ist die Unterseite stärker und zackiger unduliert als die Oberseite. Auf dem Blattquerschnitte sind die Zellen der oberen, sowie der unteren Epidermis je für sich von ziemlich gleicher Grösse, meist sind sie in Richtung der Blattfläche gestreckt und infolge dessen niedrig, seltner sind sie mehr oder weniger quadratisch und dann etwas senkrecht zur Blattfläche gestellt. Die Aussenwandungen der Epidermiszellen sind fast immer verschieden stark verdickt und oft etwas convex nach aussen gebogen, so dass dieselben dann eine schwach wellige Beschaffenheit zeigen. Die meist zarte Cuticula ist oft glatt, oft aber auch gekörnelt. Die Radialwände der Epidermiszellen sind meist unverdickt. Die Spaltöffungen sind bei allen Gattungen ziemlich gleichartig, oval bis rundlich, ausgebildet. Nebenzellen wurden nie beobachtet. Die Spaltöffnungen sind meist beiderseits vorhanden, in einigen Fällen (Fuchsia) nur unterseits. Oberseits sind dieselben jedoch stets weniger zahlreich. Die Schliesszellen liegen in der Regel im Niveau der Epidermiszellen. Einsenkungen derselben wurden nirgends beobachtet; oft aber erheben sich dieselben wenig über die umgebenden Epidermiszellen. Trichome finden sich in Gestalt einzelliger und mehrzelliger einfacher Haare. Dieselben sind teils spitz, teils keulig angeschwollen, mehr oder weniger verschieden dickwandig und stark, oft glatt, oft gekörnelt, cuticularisiert. Die Länge derselben ist sehr verschieden. Oft enthalten sie einen körnigen protoplasmatischen Inhalt, der in manchen Fällen Gerbstoffreaction zeigt. Diese Haare finden sich bei fast allen Gattungen. Sind sie an ausgewachsenen Blättern nicht mehr vorhanden, so sind sie doch an jungen Stengelteilen und Blättern wahrnehmbar. Der Blattbau ist bei den einzelnen Arten ziemlich verschieden, am häufigsten ist derselbe bifacial, seltner isolateral. Das Pallissadengewebe ist stets deutlich entwickelt, meist ein- bis zweischichtig, seltner dreischichtig. Die Zellen desselben sind bald kürzer, bald länger, im allgemeinen gleich breit; selten fast quadratisch.

Das Schwammparenchym ist teils sehr dicht, teils sehr locker mit ziemlich grossen Intercellularräumen. Die Zellen desselben sind immer dünnwandig und polygonal, oft in Richtung der Blattfläche etwas gestreckt. Was die Nerven anlangt, so erwähne ich, dass immer der Hauptnerv untersucht wurde. Der Hauptnerv zeigt in den Gefässbündeln stets bicollaterale Verteilung von Phloem genau wie in den Gefässbündeln der Axe. Bei den Nebennerven geht der Bau in den collateralen über. Die Nerven sind stets im Gewebe eingebettet und zwar in von dem übrigen Mesophyll verschiedenem Parenchym, welches aus grosslumigen, polygonalen, dünnwandigen Zellen besteht. Dies Parenchym geht in den meisten Fällen bis zu den beiderseitigen Epidermen durch, seltner geht es nur einerseits durch und zwar dann unterseits, während oberseits das Pallissadengewebe bis an das Gefässbündel heranreicht. Die subepidermalen Parenchymschichten sind stets mehr oder weniger collenchymatisch verdickt. Sklerenchym konnte ich im allgemeinen nicht finden, nur bei einigen Fuchsiaarten findet sich ein mehrschichtiger Sklerenchymbogen oder auch vereinzelte Sklerenchymfasern und zwar unterseits im Anschluss an den zartwandigen Bastteil. Die kleinen Nerven haben nie Sklerenchym.

Krystalle finden sich in den Blättern der Onagraceen ausschliesslich in Gestalt von Raphidenidioblasten. Einzelkrystalle oder Krystallsand wurde nicht beobachtet. Dieselben sind sowohl im Pallissadengewebe als auch im Schwammparenchym, oft massenhaft vorhanden; in manchen Fällen durchsetzen sie fast das ganze Mesophyll. Die Raphidenbündel befinden sich in grossen erweiterten, als Idioblasten vortretenden Zellen, die teils in Richtung der Blattfläche gestreckt (im Schwammparenchym), teils senkrecht zu derselben (im Pallissadengewebe) stehend, oft auch das Mesophyll quer durchsetzend, vorhanden sind. Oft veranlassen diese grossen Idioblasten durchsichtige Punkte.

Axenstructur.

Die allgemeinen übereinstimmenden Merkmale der Familie sind vorhin kurz erwähnt worden; ich wende mich daher in Folgendem zur Besprechung der Anatomie der verschiedenen Gewebesysteme der Axe.

Das verschieden grosse Mark besteht fast ausschliesslich aus grosslumigen dünnwandigen, seltner schwach verdickten, unverholzten, polygonalen Parenchymzellen, die meist kleinere Intercellularräume zwischen sich lassen. Bei einigen Fuchsiaarten finden sich im Marke vereinzelte, ziemlich weitlumige Sklerenchymzellen. Die Gefässbündel sind stets bicollateral gebaut. Der Xylemteil scheint schon sehr früh zu einem concentrischen Ringe zusammenzuschliessen; wenigstens war dies bei allen von mir untersuchten Arten der Fall. Bezüglich des intraxylären Phloems ist zu erwähnen, dass es in verschieden starker Entwickelung teils das Mark ringförmig umschliesst, teils kuppenförmig ins Mark vorspringt, teils vollständig markständig ist (z. B. Jussieua). Entwicklung aus einem Reihencambium wurde nirgends beobachtet. Die weit- oder englumigen Siebröhren sind deutlich von Geleitzellen und zartwandigen Weichbastelementen umgeben. Das äussere Phloem ist normal und verschieden reichlich entwickelt. Das deutliche zwei- bis mehrschichtige Cambium ist normal gebaut. Bezüglich des Xylemteiles ist zu erwähnen, dass die Markstrahlen ein- bis zweireihig und einfach getüpfelt sind. Der sonstige Bau des Holzes steht ebenfalls im Einklang mit Solereders Angaben (siehe Einleitung). Die Tracheen stehen einzeln oder in Gruppen radial angeordnet; sie sind teils englumig, teils weitlumig. Es finden sich sowohl einfache Ring- und Spiralgefässe, als auch solche mit Netz-, Leiter- und Treppenverdickungen, auch sehr viel Spaltentüpfel- und Hoftüpfelgefässe. Die Perforationen sind rund bis elliptisch. Die Querwände sind schief oder gerade, selten leiterförmig durchbrochen. Das Holzprosenchym ist bezüglich Wanddicke, Verholzung und Lumengrösse verschieden ausgebildet, aber, wie auch Solereder gefunden hat, meist einfach getüpfelt, seltener undeutlich hofgetüpfelt. Bei einigen Fuchsiaarten ist dasselbe auch durch zarte Scheidewände gefächert. Das Holzparenchym ist weniger reichlich entwickelt, namentlich in der Umgebung der Gefässe, die der Peripherie des Markes zunächst stehen. Es ist meist dünnwandig, seltner dickwandiger und dann einfach getüpfelt. Interxyläres Phloem wurde an Stengelteilen nicht wahrgenommen. Einige Arten: z. B. Isnardia palustris und Ludwigia palustris zeigen an der Aussengrenze des Gefässbündelteiles eine deutliche, stark verkorkte Endodermis, welche die innerste Lage des Rindenparenchyms bildet.

Bezüglich des Baues des Rindenparenchyms sind meine Beobachtungen und Ergebnisse folgende: Die Zellen des Rindenparenchyms sind dünnwandig, polygonal und grosslumig, manchmal etwas tangential gestreckt. Ungefähr in der Mitte desselben bildet sich innerhalb einer stärkereichen Zellschicht (transitorische Stärke) im Verlaufe der Entwicklung ein mehr oder weniger bedeutender ein- bis mehrschichtiger Ring von Sklerenchymfasern, der teils geschlossen, teils offen ist. Die vorhandene Stärke verschwindet im weiteren Wachstum und wird wahrscheinlich zum Aufbau des Sklerenchymfaserringes verwendet. Durch diesen Sklerenchymfaserring wird das Rindenparenchym in eine äussere und innere Schicht zerlegt, die ich als primäres und secundäres Rindenparenchym bezeichnet habe. Das primäre Rindenparenchym bleibt nun bei den meisten Gattungen in seinen inneren Zelllagen dünnwandig, in seinen äusseren subepidermalen Lagen hingegen verdickt es sich hypodermähnlich stark collenchymatisch; bei einigen Fuchsiaarten bilden sich sogar auch in den inneren Lagen einzelne oder Gruppen von Sklereiden aus. Bei einigen Gattungen, die im Sumpfe oder im Wasser vegetieren, bleibt alles primäre Rindenparenchym dünnwandig und wird durch grosse schizogene Intercellularräume bedeutend aufgelockert. Das dünnwandige secundäre Rindenparenchym bildet nun in seinen innerhalb des Sklerenchymfaserringes gelegenen Zellschichten, meist in der direkt darunter liegenden Schicht ein Phellogen aus, das, soweit meine Untersuchungen reichen, bei den meisten Gattungen nach aussen Kork entwickelt, bei den Gattungen Jussieua und Epilobium sich aber je nach Standort auch in das im speciellen Teile näher beschriebene Aerenchym umwandelt. Die Korkbildung ist also in allen Fällen eine innere.

Der Kork zeigt in seiner Ausbildung die Eigentümlichkeit, dass nicht alle Zelllagen verkorken, sondern häufig verkorkte Zelllagen mit unverkorkten Zelllagen abwechseln. Ich bezeichne die verkorkten Zelllagen nach von Höhnel[1]) als Kork- oder Phellemschichten, die unverkorkten Zelllagen als Phelloidschichten. Die nicht verkorkten Lagen zwischen je zwei verkorkten Lagen entsprechen nach v. Höhnel einem Trennungsphelloid. Die Korkzellen sind teils dünnwandig, teils schwach dickwandig, niedrig tangential abgeplattet oder ziemlich rechteckig, oft mit etwas gewellten Tangentialwandungen. Die Zellen der Phelloidschichten sind dünnwandig, schmal tafelförmig, meist sehr zusammengepresst und enthalten häufig Phlobaphene. Dort, wo sich eine Phelloid-

[1]) Vergl.: Fr. v. Höhnel. Über den Kork und verkorkte Gewebe überhaupt. Sitzungsber. Acad. Wissen. Wien 1877. Bd. LXXVI. Separatabdruck p. 93.

schicht mit einer Phellemschicht berührt, bilden sich noch an den Innenwandungen kleine Intercellularen-Interstitien. Diese abwechselnden Phellem- und Phelloidschichten scheinen eine Art Übergang zu dem Aerenchym der beiden vorhin genannten Gattungen zu bilden. Über den verschiedenen Entwickelungsgang des Aerenchyms bei Jussieua und Epilobium siehe im speciellen Teile. —

Bei der Gattung Circaea beobachtete ich zwar die Anlage des Phellogens, aber nie Kork; möglicherweise kommt derselbe bei diesen zarten Pflanzen nicht zur Ausbildung. Bei den meisten anderen Gattungen hingegen stösst der Kork im Verlaufe der Entwickelung die gesamte primäre Rinde samt Sklerenchymring und Epidermis ab. Die an jüngern Stengelteilen stets noch vorhandene Epidermis ist immer einschichtig. Die Zellen derselben sind meist niedrig, etwas tangential gestreckt, teilweise aber auch etwas senkrecht zur Blattfläche gestellt, ziemlich quadratisch und daher höher. Nach aussen sind sie immer mehr oder weniger stark verdickt und convex nach aussen gebogen; so dass die Epidermis eine schwachwellige Beschaffenheit zeigt. Die Cuticula ist zart, meist glatt, aber auch gekörnelt. An jungen Exemplaren, z. B. Epilobiumarten, fanden sich vereinzelte Spaltöffnungen in normaler Ausbildung. Epidermoidalgebilde finden sich an jungen Stengelteilen meist in Gestalt der bei den Blättern beschriebenen Haare. Raphidenidioblasten in derselben Ausbildung wie an den Blättern sind zahlreich im Rindenparenchym, äusseren Phloem und auch im Marke vorhanden.

Direkte Secretbehälter finden sich nicht; jedoch sind die Zellen vieler Gattungen mit gelbbraunen gerbstoffreichen Inhaltsstoffen angefüllt, so z. B. bei Fuchsiaarten die Kork- und Phelloidzellen, bei Jussieuaarten fast alle Teile der Pflanze (also Epidermis, Rindenparenchym, Kork u. s. w.).

Wurzelstructur.

Der Bau der Wurzeln der Onagraceen ist ein sehr verschiedener; dieselben finden sich von den einfachen, reducierten Formen der Adventivwurzeln der Landpflanzen und der Schlammwurzeln der Sumpfpflanzen bis zu den hochentwickelten, fleischig angeschwollenen, verhältnismässig enormen Durchmesser erreichenden Pfahlwurzeln gewisser Gattungen. Ferner finden sich noch die sogenannten aerotropischen Wurzeln der Jussieuaarten. Ich werde dieselben in folgendem einer kurzen Gesamtbetrachtung unterziehen:

Die Adventivwurzeln gewisser Gattungen und die Schlammadventivwurzeln anderer Gattungen zeigen im allgemeinen denselben Bau, jedoch ähnlich wie zwischen den submersen Stengeln und Luftstengeln, auch gewisse Abweichungen.

1. Adventivwurzeln: Epidermis und primäres Rindenparenchym ist in den meisten Fällen nicht mehr vorhanden, sondern hängen höchstens

als zerdrückte, zerfetzte Reste aussen an. Eine deutliche Endodermis ist hier immer vorhanden und umgiebt den stets axilen pentarchen-polyarchen Gefässbündelstrang, der sich aus verhältnismässig wenigen weit- und englumigen Gefässen, umgeben von mehr oder weniger verholztem Prosenchym und Holzparenchym, zusammensetzt. Die Gefässe sind meist radial angeordnet, treffen entweder im Centrum zusammen oder lassen dort ein kleines Mark von polygonalen, dünnwandigen Zellen. Innerhalb der Endodermis bildet sich im Pericambium ein Phellogen, welches nach aussen mehrschichtigen, typischen, vorher besprochenen Kork erzeugt, der alles nach aussen abstösst. Bei einem Teile der Wasserpflanzen kommt es nicht zur Phellogenbildung; dieselben bleiben bei ihrer einfachen Entwickelung stehen, nur das Rindenparenchym wird durch schizogene Intercellularräume sehr aufgelockert. Bei anderen Wasserpflanzen hingegen wird wiederum Aerenchym entwickelt und zwar in verschiedener Ausbildung (siehe speciellen Teil).

Bei den Jussieuaarten geht die Aerenchymbildung erst von aussen nach innen einfach durch Umwandlung des Rindenparenchyms vor sich und wird dann durch ein Phellogen, das im Pericambium entsteht, von innen nach aussen weiter fortgesetzt. Bei den Epilobiumarten entsteht dasselbe in concentrischen Lagen nur von innen nach aussen aus einem Phellogen, das seinen Ursprung innerhalb des Pericambiums hat. Bei allen diesen Arten wird jedoch bei trockenem Standorte Kork entwickelt. Das Phloem und Cambium ist hier stets wenig deutlich ausgebildet. Die Gefässe sind Spiral-, Netz-, Treppengefässe etc. Die Perforationen sind rund bis elliptisch. Die Querwände sind gerade oder schief. Das verschieden reichlich entwickelte Prosenchym ist dünnwandig und einfach getüpfelt. Das Holzparenchym ist dünnwandig. Markstrahlen ein- bis mehrreihig und einfach getüpfelt. —

Bei einigen Adventivwurzeln ist der Leitbündelstrang vollständig rudimentär ausgebildet, z. B. bei einem Epilob. angustifol. von feuchtem Standort. Derselbe zeigte nur wenige Gefässe und Siebröhren, umgeben von zartwandigem Gewebe, ähnlich wie bei Trapa natans (siehe speciellen Teil).

Zu erwähnen sind noch die aerotropischen Wurzeln gewisser Jussieuaarten, die als Adventivwurzeln an den submersen Stammteilen entstehen und die Oberfläche des Wassers zu erreichen suchen. Dieselben bauen sich auf aus einem axilen Gefässbündelstrang und lauter mächtigen, den Durchmesser des Gefässteiles bei weitem übertreffenden Aerenchymzonen, die, wie ich im Gegensatz zu H. Schenk behaupten kann, ebenfalls nachträglich durch ein innerhalb des Pericambiums entstandenes Phellogen weitererzeugt werden, nachdem sie ursprünglich nur aus dem Rindenparenchym hervorgegangen sind. H. Schenk hat dieses Phellogen nie beobachtet (siehe Zeichnung IV u. V). —

Bei den höher entwickelten Wurzeln der Onagraceen ist stets die Epidermis und das primäre Rindenparenchym abgestossen und die Peripherie wird von einem unregelmässigen mehrschichtigen Korke begrenzt, der aus einem Phellogen, das wahrscheinlich seinen Ursprung in der Pericambialschicht innerhalb der Endodermis hatte, hervorgeht. Der Kork zeigt die typische, früher erwähnte Ausbildung. Häufig wird bei den Wurzeln mehr oder weniger reichliches Phelloderm erzeugt.

Bei einigen Oenotheren findet sogar wiederholte innere Peridermbildung statt. Das eventuell vorhandene Phelloderm ist dünnwandig und radial angeordnet und geht in das secundäre Rindenparenchym über, das ebenfalls aus polygonalen dünnwandigen Zellen besteht. Das äussere Phloem ist meist schwach entwickelt. Das Cambium ist immer mehrschichtig und normal. Der Xylemteil ist ein stets axiler, tetrarcher, pentarcher bis polyarcher Gefässbündelcylinder, der verschieden reichlich' entwickelt und verholzt ist. Die Gefässe stehen einzeln oder gruppenweise radial angeordnet; sie sind eng- und weitlumig und zeigen in ihrem Baue die verschiedensten Gefässwandverdickungen u. s. w. Das Holzprosenchym ist mehr oder weniger entwickelt, dünnwandig und meist einfach getüpfelt. Das Holzparenchym ist dünnwandig. Die Markstrahlen sind ein- bis mehrreihig und einfach getüpfelt. Die Gefässe treffen entweder im Centrum zusammen oder lassen ein kleines Mark von polygonalen Zellen frei. Bei denjenigen Wurzeln nun, die knollig anschwellen und sich fleischig verdicken, gehen die im speciellen Teile näher beschriebenen Umwandlungen vor sich.

Die specifischen Elemente des Holzes werden nicht ausgebildet, sondern der ganze Xylemteil wird entweder bis auf verholzte Gruppen oder blos bis auf die allein verholzten Gefässe vollständig parenchymatisch ausgebildet. Die Gefässe liegen dann einzeln oder in kleinen Gruppen im Gewebe zerstreut. Ein Unterschied zwischen Prosenchym und Holzparenchym ist kaum möglich. Die Markstrahlen sind ebenfalls schwer unterscheidbar. Viele Gattungen dieser höher entwickelten Wurzeln zeigen nun deutliche i n t e r x y l ä r e Phloembündel. Schon J. Weiss[2]) hat dieselben für Oenothera biennis constatiert, ich fand dieselben namentlich in den fleischigen Wurzeln der Oenothera- und Gauraarten, jedoch auch bei anderen Gattungen, z. B. Boisduvalia.

Raphidenidioblasten finden sich in den Wurzeln, sowohl im Rindenparenchym, als auch im Phloem; bei den fleischig parenchymatischen Wurzeln auch sehr häufig im Xylem. Secretbehälter fand ich nicht; jedoch zeigt besonders der Kork oft braune gerbstoffreiche Inhaltsstoffe und bei manchen Gattungen, z. B. besonders Fuchsia, sind massenhafte Zellen des Rindenparenchyms, des Korkes und auch des Xylems mit gerbstoffreichen Inhaltsstoffen angefüllt.

---

[2]) Dr. J. Weiss: Anatomie und Physiologie fleischig verdickter Wurzeln. Flora 1880. Nr. 7.

Vorliegende Arbeit wurde im Laboratorium des botanischen Institutes der Königlichen Friedrich Alexander-Universität zu Erlangen ausgeführt.

Ich sage an dieser Stelle meinem hochverehrten Lehrer, Herrn Professor Dr. Reess, sowohl für die ehrende Übertragung der Arbeit, als auch für die mir bei der Ausführung zu Teil gewordene Unterstützung meinen besten Dank.

Ebenso erlaube ich mir, Herrn Dr. Becker, Assistenten am Botanischen Institute der Universität Erlangen, für die in liebenswürdigster Weise gegebenen Aufklärungen und Winke bestens zu danken.

Lebenslauf.

Ich, Friedrich Ernst Grosse, wurde geboren am 19. März 1870 als Sohn des Oberlehrers Otto Robert Grosse und seiner Ehefrau Anna Grosse geb. Philipp zu Dresden. Meine Confession ist evangelisch-lutherisch. Die erste Schulbildung genoss ich in der Privatlehr- und Erziehungslehranstalt des Herrn Dr. Ernst Böhme; nach Besuch der Sexta trat ich Ostern 1880 in die Quinta des Gymnasiums zum heiligen Kreuz ein und besuchte dasselbe bis einschliesslich Obersecunda. Bei der Versetzung von Untersecunda nach Obersecunda Ostern 1884 erhielt ich das Befähigungszeugnis zum einjährig-freiwilligen Dienst. Michaelis 1885 verliess ich das Gymnasium, um Apotheker zu werden. Nach dreijähriger Ausbildungszeit in der Albert-Apotheke des Herrn Med.-Assessor Berg zu Dresden und bestandenem ersten Examen war ich als Gehülfe in verschiedenen Apotheken (Lippspringe, Frankfurt a. M., Dresden) als Gehülfe thätig. Vom 1. October 1889 bis 1. October 1890 diente ich als Einjährig-Freiwilliger beim Königl. Sächs. 2. Grenadier-regiment No. 101 „Kaiser Wilhelm, König von Preussen" und wurde mit der Qualification zum Reserveoffizier, als Unteroffizier, zur Reserve entlassen. Im Sommersemester 1892 bezog ich die Universität Leipzig und bestand nach dreisemestrigem Studium das Staatsexamen mit Note I. Im Wintersemester 1893 arbeitete ich noch im botanischen Institute des Herrn Geh. Rat Prof. Dr. Pfeffer zu Leipzig. Drauf bezog ich die Universität Erlangen, woselbst ich im Sommer- und Wintersemester 1894 immatriculiert war, im dortigen botanischen Institut vorstehende Arbeit verfasste und am Beginn des Sommersemesters 1895 am 22. April die philosophische Doctorwürde erlangte.

Erklärung der Zeichnungen.

Abkürzung und Bedeutung der Erklärungen.

ae. = Aerenchym. c. = Cambium. coll. = Collenchym. di. = Diaphragma. ed. = Endodermis. ep. = Epidermis. epi. = Epithel. g. = Gefäss. gef. = Gefässbündel. gel. = Geleitzellen. i. = Intercellularräume. itr. phl. = intraxyläres Phloem. inter. phl. = interxyläres Phloem. k. = Kork. p. k. = primärer Kork. sec. k. = secundärer Kork. m. = Mark. ms. = Markstrahl. o. = Oxalatdrusen. p. = Pallissadengewebe. pc. = Pericambium. ph. = Phellogen. phl. = Phloem. Phelloid. = Phelloidschicht. pd. = Phelloderm. perd. = Periderm. rp. = Rindenparenchym. s. = Siebröhre. secr. = schizogene Secretbehälter. sb. ep. = subepidermales Gewebe. sp. = Spaltöffnung. tr. = Trichome. v. xyl. = verholztes Xylem. par. xyl. = parenchymat. unverholztes Xylem. u. v. xyl. = unverholztes Xylem. x. = Xylem.

Nr. I.

Entwickelung und anatomischer Bau der Blätter von Trapa natans.

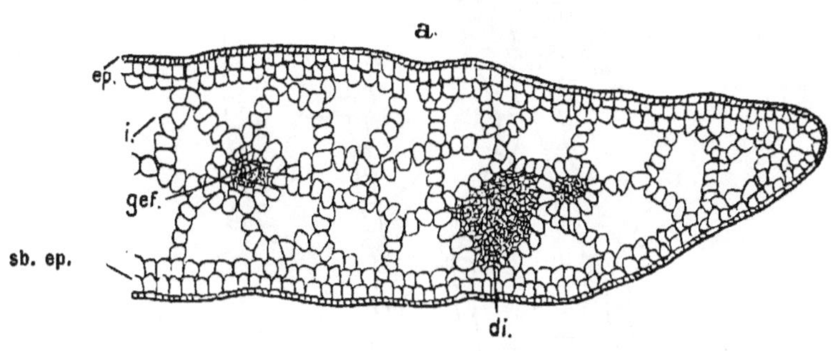

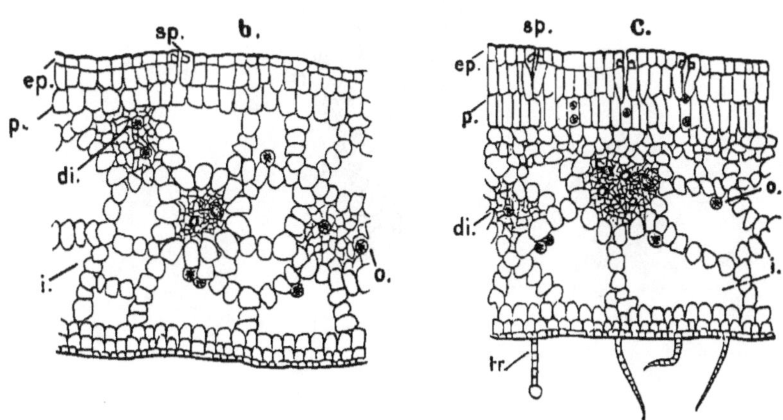

a) Querschnitt durch ein submerses Blatt (centrischer Bau).
b) Querschnitt durch ein submerses Blatt, das schon Blatt und Spreite hat (Übergang zum bifacialen Bau).
c) Querschnitt durch ein Schwimmblatt von Trapa natans (bifacialer Bau).

Nr. II.

Querschnitt durch den angeschwollenen Blattstiel von Trapa natans.

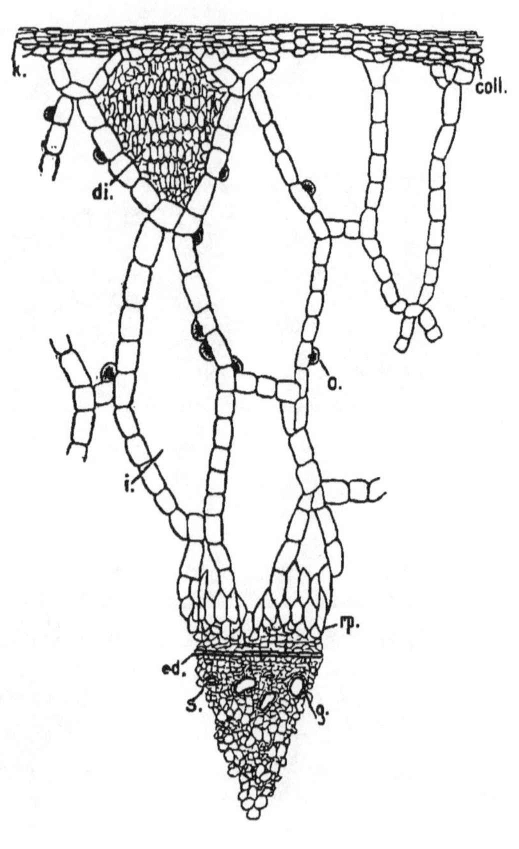

Nr. III.

Querschnitt durch alten Stengel von Trapa natans.

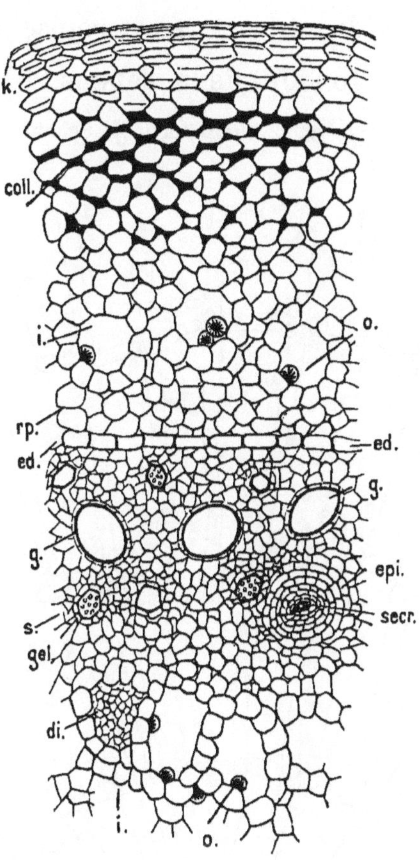

Nr. IV.

Querschnitt durch eine aerotropische Wurzel von Jussieua repens.

(Aerenchymbildung nach H. Schenk.)

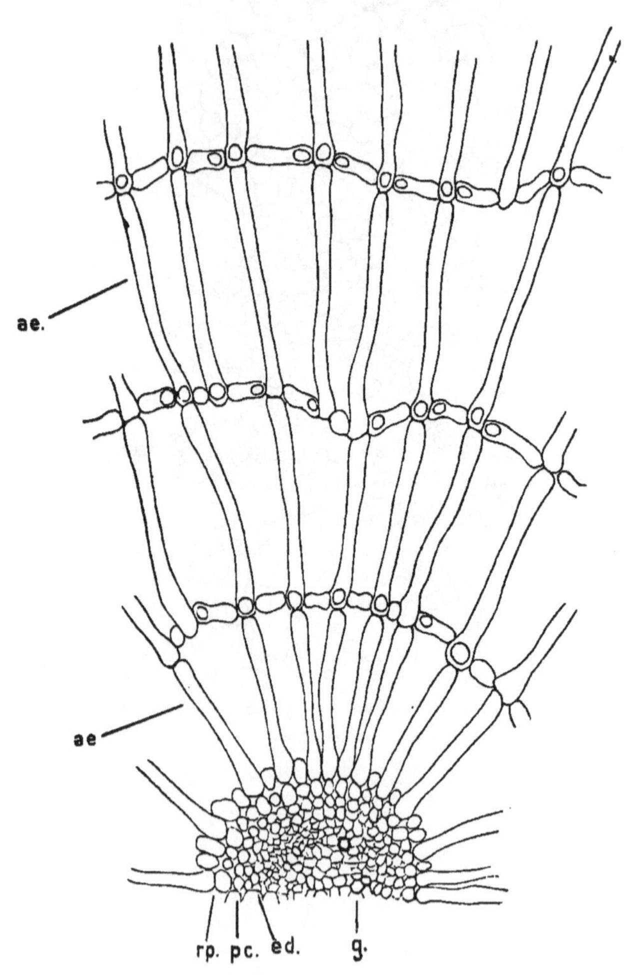

Nr. V.

Querschnitt durch eine aerotropische Wurzel von Jussieua repens.

(Aerenchymbildung nach Fr. Grosse.)

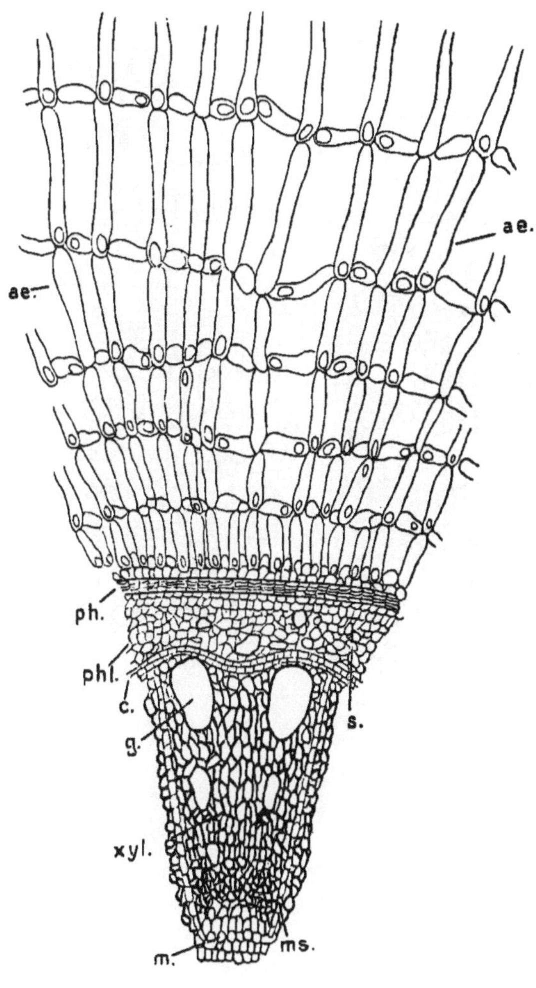

Nr. VI.

Querschnitt durch einen submersen Stengel von Epilobium tetragonum.

(Gezogen im Erlanger Garten.)

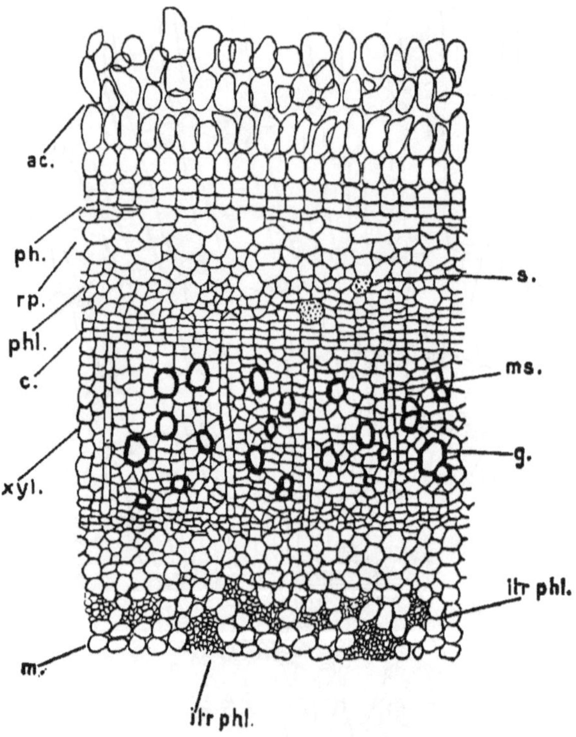

Nr. VII.

Querschnitt durch eine fleischige Wurzel von Oenothera biennis.

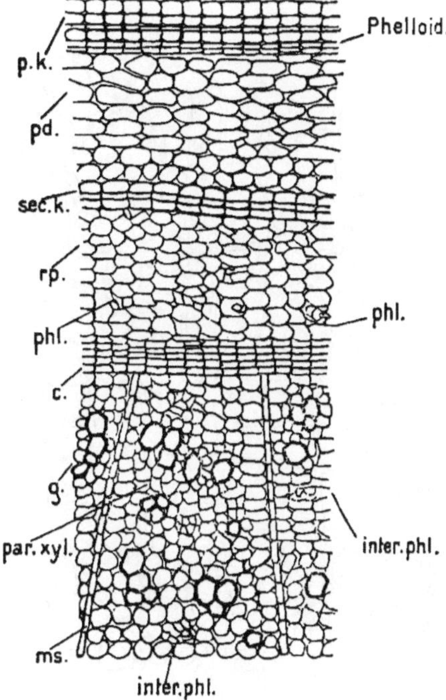

Nr. VIII.

Partie aus dem parenchymatischen Holzteil derselben Wurzel.

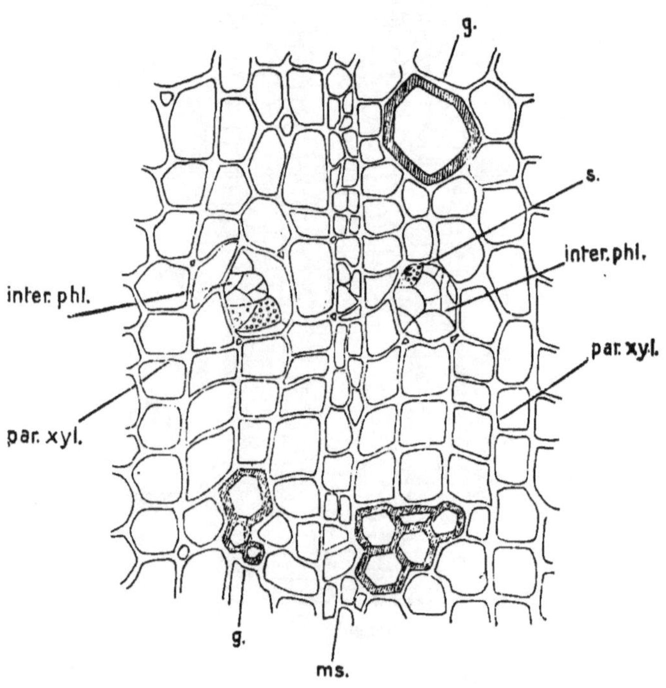

Nr. IX.

Markständiges Phloembündel von Jussieua repens.

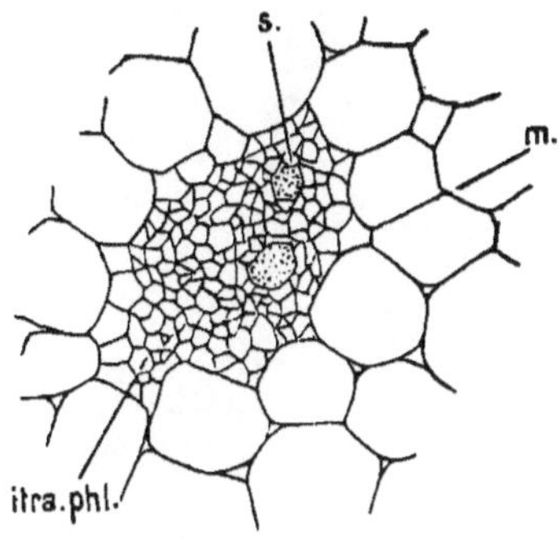

Nr. X.

Wurzelquerschnitt von Fuchsia hybrida.

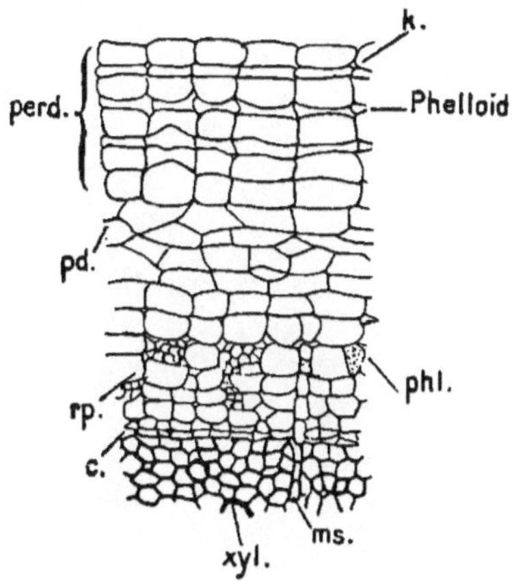

www.ingramcontent.com/pod-product-compliance
Lightning Source LLC
Chambersburg PA
CBHW022005190326
41519CB00010B/1397

* 9 7 8 3 7 4 1 1 9 3 4 4 6 *